21世纪高等学校规划教材 | 电子商务

Web标准网页设计
原理与制作技术

崔敬东 徐雷 编著

清华大学出版社

北京

内 容 简 介

本书重点讲解基于 XHTML、div＋CSS 和 JavaScript 的 Web 标准网页设计原理与制作技术,内容包括网站与网页、使用 Fireworks 制作图片、使用 Flash 制作动画、超文本标记语言、CSS 基础、可扩展超文本标记语言、应用 div＋CSS 布局网页、使用 Dreamweaver 设计和制作网页、使用 Dreamweaver 建设网站、JavaScript 基础、JavaScript 内置对象、验证表单数据、BOM 和 DOM、Cookie 技术及其应用、DHTML 等。

本书以 HTML 4.01、XHTML 1.0、CSS 2.1 和 ECMA-262 5.1 等技术规范为基础,不仅注重原理、技术与应用三者的结合,而且具有概念简洁、深入浅出、代码规范、章节呼应、面向应用和范例典型等特点。通过学习本书,可以了解基于"内容、结构、表现和行为"层次模型的 Web 标准网页设计原理,掌握 XHTML、div＋CSS 和 JavaScript 等主流网页制作技术,为今后的动态网页设计与制作以及网站开发与管理做好充分准备。

本书主要面向电子商务、信息管理与信息系统、计算机科学与技术等相关专业,既可作为"网页设计与制作"课程的教材,又可供网站开发与管理人员参考。

图书在版编目(CIP)数据

Web 标准网页设计原理与制作技术/崔敬东,徐雷编著. —北京:清华大学出版社,2014(2019.1 重印)
21 世纪高等学校规划教材·电子商务
ISBN 978-7-302-33797-3

Ⅰ. ①W⋯　Ⅱ. ①崔⋯ ②徐⋯　Ⅲ. ①网页制作工具-程序设计-高等学校-教材
Ⅳ. ①TP393.092

中国版本图书馆 CIP 数据核字(2013)第 211299 号

责任编辑:闫红梅　王冰飞
封面设计:傅瑞学
责任校对:白　蕾
责任印制:杨　艳

出版发行:清华大学出版社
　　网　　　址:http://www.tup.com.cn, http://www.wqbook.com
　　地　　　址:北京清华大学学研大厦 A 座　　　　　　　　邮　　编:100084
　　社 总 机:010-62770175　　　　　　　　　　　　　　　　邮　　购:010-62786544
　　投稿与读者服务:010-62776969, c-service@tup.tsinghua.edu.cn
　　质量反馈:010-62772015, zhiliang@tup.tsinghua.edu.cn
　　课件下载:http://www.tup.com.cn,010-62795954
印 装 者:北京建宏印刷有限公司
经　　销:全国新华书店
开　　本:185mm×260mm　　印　张:15.5　　　　　　字　　数:378 千字
版　　次:2014 年 1 月第 1 版　　　　　　　　　　　　印　　次:2019 年 1 月第 4 次印刷
印　　数:4301~4500
定　　价:29.00 元

产品编号:050130-01

出 版 说 明

随着我国改革开放的进一步深化,高等教育也得到了快速发展,各地高校紧密结合地方经济建设发展需要,科学运用市场调节机制,加大了使用信息科学等现代科学技术提升、改造传统学科专业的投入力度,通过教育改革合理调整和配置了教育资源,优化了传统学科专业,积极为地方经济建设输送人才,为我国经济社会的快速、健康和可持续发展以及高等教育自身的改革发展做出了巨大贡献。但是,高等教育质量还需要进一步提高以适应经济社会发展的需要,不少高校的专业设置和结构不尽合理,教师队伍整体素质亟待提高,人才培养模式、教学内容和方法需要进一步转变,学生的实践能力和创新精神亟待加强。

教育部一直十分重视高等教育质量工作。2007 年 1 月,教育部下发了《关于实施高等学校本科教学质量与教学改革工程的意见》,计划实施"高等学校本科教学质量与教学改革工程(简称'质量工程')",通过专业结构调整、课程教材建设、实践教学改革、教学团队建设等多项内容,进一步深化高等学校教学改革,提高人才培养的能力和水平,更好地满足经济社会发展对高素质人才的需要。在贯彻和落实教育部"质量工程"的过程中,各地高校发挥师资力量强、办学经验丰富、教学资源充裕等优势,对其特色专业及特色课程(群)加以规划、整理和总结,更新教学内容、改革课程体系,建设了一大批内容新、体系新、方法新、手段新的特色课程。在此基础上,经教育部相关教学指导委员会专家的指导和建议,清华大学出版社在多个领域精选各高校的特色课程,分别规划出版系列教材,以配合"质量工程"的实施,满足各高校教学质量和教学改革的需要。

为了深入贯彻落实教育部《关于加强高等学校本科教学工作,提高教学质量的若干意见》精神,紧密配合教育部已经启动的"高等学校教学质量与教学改革工程精品课程建设工作",在有关专家、教授的倡议和有关部门的大力支持下,我们组织并成立了"清华大学出版社教材编审委员会"(以下简称"编委会"),旨在配合教育部制定精品课程教材的出版规划,讨论并实施精品课程教材的编写与出版工作。"编委会"成员皆来自全国各类高等学校教学与科研第一线的骨干教师,其中许多教师为各校相关院、系主管教学的院长或系主任。

按照教育部的要求,"编委会"一致认为,精品课程的建设工作从开始就要坚持高标准、严要求,处于一个比较高的起点上;精品课程教材应该能够反映各高校教学改革与课程建设的需要,要有特色风格、有创新性(新体系、新内容、新手段、新思路,教材的内容体系有较高的科学创新、技术创新和理念创新的含量)、先进性(对原有的学科体系有实质性的改革和发展,顺应并符合 21 世纪教学发展的规律,代表并引领课程发展的趋势和方向)、示范性(教材所体现的课程体系具有较广泛的辐射性和示范性)和一定的前瞻性。教材由个人申报或各校推荐(通过所在高校的"编委会"成员推荐),经"编委会"认真评审,最后由清华大学出版社审定出版。

目前,针对计算机类和电子信息类相关专业成立了两个"编委会",即"清华大学出版社计算机教材编审委员会"和"清华大学出版社电子信息教材编审委员会"。推出的特色精品教材包括:

(1) 21世纪高等学校规划教材·计算机应用——高等学校各类专业,特别是非计算机专业的计算机应用类教材。

(2) 21世纪高等学校规划教材·计算机科学与技术——高等学校计算机相关专业的教材。

(3) 21世纪高等学校规划教材·电子信息——高等学校电子信息相关专业的教材。

(4) 21世纪高等学校规划教材·软件工程——高等学校软件工程相关专业的教材。

(5) 21世纪高等学校规划教材·信息管理与信息系统。

(6) 21世纪高等学校规划教材·财经管理与应用。

(7) 21世纪高等学校规划教材·电子商务。

(8) 21世纪高等学校规划教材·物联网。

清华大学出版社经过三十多年的努力,在教材尤其是计算机和电子信息类专业教材出版方面树立了权威品牌,为我国的高等教育事业做出了重要贡献。清华版教材形成了技术准确、内容严谨的独特风格,这种风格将延续并反映在特色精品教材的建设中。

清华大学出版社教材编审委员会

联系人:魏江江

E-mail:weijj@tup.tsinghua.edu.cn

前 言

与其他专业一样,计算机专业的知识传授需要在一系列相关课程中循序渐进地进行。首先,需要特别注重相关知识点的前后顺序关系——只有在学生了解和掌握前期知识点的前提下,才有可能更有效地讲授后期知识点。例如,以网站开发与管理为例,所涉及的专业知识点既包括 HTML、XHTML、div+CSS、JavaScript、jQuery 以及 AJAX 等 Web 前端开发技术,又包括数据库、ASP. NET、PHP、C♯以及 Java 等网站后台开发技术和编程语言。其中,Web 前端开发技术相对独立于网站后台开发技术——在不涉及网站后台开发技术的情况下,即可全面地讲授 Web 前端开发技术。另一方面,讲授 Web 前端开发技术所需的教学和实验平台易于搭建,不需要安装过于复杂和大型的专业软件。因此,Web 前端开发技术适宜作为前期知识点,而网站后台开发技术作为后期知识点。其次,应该为各个知识点的讲授分配必要的时间资源。如果在短期内密集地讲授较多的知识点,容易增加学生理解和掌握知识点的难度,甚至造成学生的专业知识学习只是一个"囫囵吞枣"的经历。

本书内容并不覆盖网站开发与管理所涉及的所有知识点,而是从面向应用的角度出发,集中并详细讲解基于"内容、结构、表现和行为"层次模型的 Web 标准网页设计原理与制作技术。全书共分 15 章,内容包括网站与网页、使用 Fireworks 制作图片、使用 Flash 制作动画、超文本标记语言、CSS 基础、可扩展超文本标记语言、应用 div+CSS 布局网页、使用 Dreamweaver 设计和制作网页、使用 Dreamweaver 建设网站、JavaScript 基础、JavaScript 内置对象、验证表单数据、BOM 和 DOM、Cookie 技术及其应用、DHTML 等。

本书的编写力求遵循以下基本原则:

(1) 注重理论、技术与应用的紧密结合,尤其突出技术及其应用。

(2) 章节之间前后呼应。前面章节的知识点及练习为后面章节的学习进行铺垫,后面章节的练习既针对本章的知识点,又结合和复习前面章节的相关知识点。

(3) 重点突出,内容紧凑。精选各章核心知识点和关键技术,并围绕核心知识点和关键技术深入展开,从而避免面面俱到和蜻蜓点水。

本书中使用的 Dreamweaver 软件提供了可视化编程功能,通过菜单命令、对话框以及鼠标操作能够自动生成很多 XHTML 和 CSS 代码,但建议学习者在上机练习时尽量使用记事本(Notepad)软件编写 XHTML、CSS 和 JavaScript 代码,因为"手写代码"是很多用人单位对"Web 前端开发技术"相关职位的基本要求。更重要的是,"手写代码"练习能够使学习者更好地掌握相关知识点。

通过本书的学习,读者能够了解和掌握 HTML、XHTML、div+CSS 以及 JavaScript 等 Web 前端开发基础技术,并为 jQuery 以及 AJAX 等 Web 前端开发高级技术的学习做好准备。

本书主要面向教学(应用)型大学的计算机科学与技术、信息管理与信息系统、电子商务等相关专业,可作为"网页设计与制作"课程的教材。此外,本书还可用作相关培训教材或教学参考书,也可供网站开发与管理人员参考。

本书由西华大学的崔敬东、徐雷共同编写。其中,崔敬东负责第 4～15 章,徐雷负责第 1～3 章。此外,本书的出版还得到清华大学出版社有关工作人员的大力支持。在此向他们表示诚挚的感谢!

欢迎高校老师、同学和其他读者选用本书,并敬请各位对书中内容提出批评意见或改进建议。如果授课教师在本书的使用过程中还有其他需求,亦可通过电子邮箱 james_cjd@sina.com 与作者联系。

崔敬东

2013 年 10 月于成都

目 录

网站与网页

信息通信技术(Information and Communication Technology, ICT)的快速发展和广泛应用,让人类社会对信息资源共享和信息交换的需求越来越强烈。同样,计算机网络尤其是互联网技术的发展和应用,也是为了更好地实现信息资源共享和信息交换。

1.1 互联网与万维网

互联网(Internet),又称因特网,意为"互相连接在一起的计算机网络"。在互联网中利用专门的技术和协议(例如 TCP/IP 和 FTP),能够将全球的计算机连接在一起,从而实现信息资源共享和信息交换。而万维网(World Wide Web, WWW)则建立在互联网基础之上。

万维网的核心包括三个部分。

(1) 超文本标记语言(HyperText Markup Language, HTML),其主要作用是定义 HTML 文档(即网页)的内容和结构。对于信息资源的创建者和提供者而言,使用网页,能够将信息资源以结构化和可视化的形式进行有效组织。而在信息资源的需求方,使用 Web 浏览器(Web Browser)打开网页,能够轻松识别和访问互联网中的信息资源。

(2) 超文本传送协议(HyperText Transfer Protocol, HTTP),负责 Web 浏览器和服务器之间的信息交换。

(3) 统一资源标识符(Uniform Resource Identifier, URI)。URI 是用于标识互联网中信息资源的字符串。URI 可被视为统一资源名称(Uniform Resource Name, URN)、统一资源定位符(Uniform Resource Locator, URL)或两者兼备。URN 如同一个人的姓名,而 URL 则如同一个人的住址。如果说 URN 是对互联网中某一信息资源的命名,那么,URL 则定义信息资源在互联网中的位置。因此,URL 能够提供在互联网中查找该信息资源的路径。

URL 的标准格式如下:

协议类型://服务器地址(必要时需加上端口号)/路径/文件名

例如,统一资源定位符 http://www.sina.com 表示使用 HTTP 访问新浪网的网站。

在万维网的推广和发展过程中,万维网联盟(World Wide Web Consortium, W3C)发挥着重要作用。W3C 是 1994 年 10 月在麻省理工学院计算机科学实验室成立的,发起者是万维网的创建者 Tim Berners-Lee。W3C 是一个专门负责制定 WWW 技术规范和标准的非营利性组织,像 HTML、XHTML、CSS、XML 等技术标准就是由 W3C 制定的,这些技术标准公开发布在 W3C 网站(www.w3.org)上。W3C 会员包括生产技术产品及服务的厂商、内容供应商、团体用户、研究实验室、标准制定机构和政府部门,会员们一起协同工作,致力在 WWW 发展方向上达成共识。

1.2 服务器、客户机和 Web 浏览器

在互联网中实现信息资源共享,主要采用浏览器/服务器(Browser/Server,B/S)的网络结构模式。

在如图 1-1 所示的 B/S 结构中,服务器是提供信息资源的计算机。制作网页并在网页中使用超链接对信息资源进行可视化的标记和定位,是在服务器上组织信息资源的常见形式。客户机是需要信息资源的计算机,在客户机上安装有 Web 浏览器软件(如微软 Internet Explorer、谷歌 Chrome 或 Mozilla Firefox)。在客户机上使用 Web 浏览器软件,即可访问或获取服务器中的信息资源。

图 1-1　B/S 结构

以访问电子商务网站为例,在客户机上获取服务器中的信息资源的整个过程可以分解如下:

(1) 在客户机上,通过 IE 浏览器的地址栏中输入网址(如 www.sina.com),然后按回车键(Enter),即可将 URL 形式的页面访问请求发往互联网。

(2) 从客户机发出的页面访问请求通过互联网传送至服务器。

(3) 在接收到来自客户机的页面访问请求后,服务器按照 HTTP 的约定、并根据其中的 URL 读取相应的页面文件,然后将页面文件发往互联网。

(4) 从服务器发出的页面文件通过互联网传送至客户机。

(5) 在接收到来自服务器的页面文件后,客户机按照 HTTP 的约定、并通过 IE 浏览器显示网页。在网页中单击超链接,客户机可以将页面访问请求再次发往互联网。

根据 StatCounter 公司 2012 年 4 月的统计数据,在全球使用的 Web 浏览器中,市场份额从高到低依次是 IE(34.04%)、Chrome(31.24%)、Firefox(24.88%)、Safari(7.14%)、Opera(1.72%)。

而在中国市场,不同 Web 浏览器的市场份额从高到低依次是 IE(76.32%)、Chrome(11.16%)、Firefox(4.67%)、Maxthon(2.93%)、Safari(2.05%)。

1.3 网页与HTML

所谓网页(Webpage),通常是指使用超文本标记语言(HyperText Markup Language,HTML)编写的、具有特定结构和格式的电子文件。因此,网页又称 HTML 文档。

HTML 文档是由元素(Element)定义和组成的,元素的基本格式是:

<元素名> 内容 </元素名>

其中,<元素名>称为开始标签(Start Tag),</元素名>称为结束标签(End Tag)。在开始标签和结束标签之间是内容(Content)。开始标签、内容和结束标签共同构成了一个元素。

在 HTML 文档中,有些元素只有开始标签,而没有对应的结束标签,也没有内容。这类元素称为空元素(Empty Element)。

记事本(Notepad)是编写 HTML 文档的最简单软件。使用 Web 浏览器可以打开 HTML 文档并浏览对应的网页。

【例 1-1】 使用 Notepad 软件编写 HTML 文档。具体步骤如下:

(1) 启动 Notepad 软件。在 Windows XP 界面左下角,选择"开始"|"所有程序"|"附件"|"记事本"命令,打开 Notepad 软件。

(2) 在 Notepad 软件中输入以下 HTML 代码。

```
<! -- 使用 html 元素定义 HTML 文档 -->
<html>
  <! -- 使用 head 元素定义头部 -->
  <head>
    <! -- 使用 title 元素定义标题 -->
    <title>标题: HTML 文档</title>
  </head>
  <! -- 使用 body 元素定义主体 -->
  <body>
    Hello, World!
  </body>
</html>
```

在以上代码中,开始标签<html>和结束标签</html>构成了 html 元素。html 元素定义了一个 HTML 文档。一个 HTML 文档只有一个 html 元素,称之为根元素(Root Element)。

开始标签<head>和结束标签</head>构成了 head 元素。开始标签<body>和结束标签</body>构成了 body 元素。每个 HTML 文档都包含一个头部(Head)和一个主体(Body)。头部由 head 元素定义,主体由 body 元素定义。

开始标签<title>和结束标签</title>构成了 title 元素。title 元素出现在 head 元素的开始标签和结束标签之间。使用 title 元素可以定义网页的标题。

"Hello,World!"是 body 元素的内容。

为了增强可读性,可以在 HTML 文档中添加注释(Comment),其格式是: <! -注释

内容-->。

如图 1-2 所示，html、head、body 和 title 等元素定义了 HTML 文档的基本结构（Structure）。因此，html、head、body 和 title 等元素也称为结构性元素（Structure Element）。

其中，html 元素是根元素，每个 HTML 文档必须且只能有一个 html 根元素。

在 HTML 文档中，每个元素都可能有多个子元素（Child）和后代元素（Descendant）。html 元素有两个子元素，一个是 head 元素，另一个是 body 元素。title 元素既是 head 元素的子元素，又是 html 元素的后代元素。通常，head 元素和 body 元素还有其他子元素。

在 HTML 文档中，除 html 元素外，每个元素必须且只能有一个父元素（Parent）。html 元素既是 head 元素的唯一父元素，也是 body 元素的唯一父元素。title 元素的唯一父元素是 head 元素。作为根元素，html 元素没有父元素。

因此，HTML 文档也是一个由相关的父元素和子元素构成的树形层次结构文件。

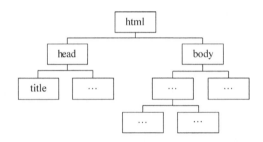

图 1-2 使用父元素和子元素定义 HTML 文档的树形层次结构

（3）在 Notepad 软件中保存 HTML 文档，并将其命名为"1-1.html"。

注意：HTML 文档的扩展名为 html 或 htm。

（4）使用 Web 浏览器（如 Internet Explorer）打开 HTML 文档"1-1.html"。如图 1-3 所示，在网页中可以看到文字内容"Hello，World!"。

图 1-3 使用 IE 浏览器打开 HTML 文档

注意：

（1）Web 浏览器的作用是读取 HTML 文档，并以网页的形式显示 HTML 文档内容。Web 浏览器不显示 HTML 文档中的标签，而是使用标签解释 HTML 文档的结构及内容。

（2）注释中的文字可以增加 HTML 代码的可读性，但并不会在 Web 浏览器中显示出来。

（3）由于在 HTML 文档头部使用 title 元素定义了网页标题，所以，在 IE 浏览器的顶部（即网页标题中）会显示"标题：HTML 文档"。

1.4　网页素材

除文字外,网页中还包含大量的图片和动画。在网页中使用文字,能够向网页浏览者提供明确的信息。但如果网页中只有文字,则缺少生动性和活泼性,也会影响视觉效果和整个网页的美观。因此,在网页的制作过程中经常需要插入一些图片和动画。文字、图片和动画是制作网页的最基本素材。

此外,还可以为网页增加背景音乐。这样,在使用 Web 浏览器打开网页时,即可同时播放音乐。为此,需要为网页制作准备音频文件。

1.5　静态网页、动态网页和网站

网页(Webpage)是一种可以在互联网中传输、且能被 Web 浏览器认识和翻译成页面并显示出来的文件。根据访问和浏览网页时所能获取的信息及其特性,网页可以分为静态网页(Static Webpage)和动态网页(Dynamic Webpage)两种。

静态网页具有如下一些特性。

(1)每次浏览静态网页时,其内容不会发生变化,除非网页设计者修改了网页的内容。

(2)静态网页无法实现与网页浏览者之间的互动。其信息流动是单向的,即只能从服务器流向浏览者。

(3)静态网页的 HTML 文档大都以 html 或 htm 为文件扩展名。

动态网页的一般特性如下:

(1)使用动态网页,可为网页浏览者定制内容。动态网页会随不同客户、不同时间,返回不同的内容。

(2)动态网页中的某些内容来自数据库中的业务数据。

(3)动态网页往往以 cgI、asp、php 和 jsp 等为文件扩展名。

注意:

在静态网页中也经常会出现一些动画(Animation),如交替切换的图片、缩放自如的文字等。但动画只能产生画面变化的视觉效果,与动态网页中变化的内容是不同的概念。

网站(Website),又称站点,由存储在服务器上的一系列相关文件组成。这些文件既可以是相关的网页、各种形式的文档,也可以是数据库、数据库管理系统以及处理数据的程序。

在一个网站中,通常既有静态网页,也有动态网页。

在网页中可使用超链接(Hyperlink),它既可以将当前网页与其他相关网页链接在一起,又可以指向互联网中的特定文档,例如 Word 文档、PPT 幻灯片文档、压缩文件或多媒体文件。

此外,通过动态网页,还可以访问存储在服务器数据库中的数据。

1.6　小结

超文本标记语言、超文本传送协议和统一资源标识符构成了万维网的核心。

万维网联盟通过制定 WWW 技术规范和标准推动了万维网的发展。

常见的 Web 浏览器软件有微软 Internet Explorer、Mozilla Firefox 和谷歌 Chrome。

网页主要是使用超文本标记语言编写的。因此,网页又称 HTML 文档。

HTML 文档至少包含 html、head、body 和 title 四个元素,这四个元素构成了 HTML 文档的基本结构。在 HTML 文档中,html 元素是唯一的根元素,并包含 head 和 body 两个子元素,title 元素是 head 元素的子元素。

文字、图片和动画是制作网页的基本素材。

1.7　习题

1. 登录前程无忧(www.51job.com)或中华英才网(www.chinahr.com)等招聘网站,输入关键词"网页",了解"网页设计和制作"职位的任职要求,看看需要掌握哪些关键知识或主流技术。

2. 静态网页和动态网页有哪些区别?

第 2 章

使用Fireworks制作图片

Fireworks是一款较为流行的网页图片设计软件,它大大简化了网页图片的制作难度。无论是专业设计人员还是业余爱好者,使用Fireworks都能轻松地设计精美图片,还可以制作GIF动画。借助于Fireworks,设计人员可以在直观、可定制的环境中创建和优化用于网页的图片并对图片进行精确控制,且能在最佳图像品质和最小压缩大小之间达到平衡。

2.1 Fireworks 软件的工作界面

熟悉Fireworks软件的工作界面及其组成部分,可以提高使用Fireworks制作图片的工作效率。如图2-1所示,Fireworks软件的工作界面主要包括以下几个部分。

图 2-1　Fireworks 软件的工作界面

1. 菜单栏

菜单栏位于Fireworks窗口的上方,包括文件、编辑、视图、选择、修改、文本、命令、滤镜、窗口和帮助等菜单。每个菜单又包含一组功能相关的命令。

选择"窗口"菜单中的命令,可以显示或隐藏相应的面板。例如,在菜单中选择"窗口"|"对齐"命令,可以显示"对齐"面板;再次选择"窗口"|"对齐"命令,则将隐藏"对齐"面板。

2．舞台

舞台位于 Fireworks 窗口的中央,占据了整个 Fireworks 窗口的大半部分。

3．画布

画布位于舞台的中间,在画布中可以添加所需的图像元素。画布之外的图像元素在图片浏览器中将无法显示。

4．"工具"面板

"工具"面板位于 Fireworks 窗口的左边,由"选择"、"位图"、"矢量"、"Web"和"颜色"等区域组成。使用"工具"面板中的相应工具,可以将所需的图像元素插入到画布中。

5．"属性"面板

"属性"面板位于 Fireworks 窗口的下方,用来设置画布中图像元素的相关属性。

2.2　制作网站标题

网站标题是许多网页都有的内容。有时候,网站标题可以加深访问者对网站的印象。

【**例 2-1**】　制作网站的文字标题。制作步骤如下。

(1) 创建新画布。进入 Fireworks 后,在菜单栏中选择"文件"|"新建"命令。如图 2-2 所示,在弹出的"新建文档"对话框中将画布的宽度和高度分别设置为 800 和 30 像素,并设置画布颜色。然后,单击"确定"按钮,即可在舞台中创建新画布。

图 2-2　创建新画布

(2) 添加文本。在"工具"面板的"矢量"区域中选择"文本"工具,然后在画布中插入一个"文本"对象,最后在"文本"对象的编辑区中输入"基于 Web 标准的网页设计原理与制作技术"。

(3) 设置文本的属性。如图 2-3 所示,在 Fireworks 窗口下方的"属性"面板中将文本的宽、高、X 和 Y 等属性分别设置为 500、26、150 和 2,使文本位于画布的中央位置。此外,在"属性"面板中还可以设置文本的字体、大小和颜色。

图 2-3　设置文本的属性

（4）保存 png 文件。在菜单栏中选择"文件"|"保存"命令,在弹出的"另存为"对话框中选定相应的文件夹,将文件命名为"2-1"。然后,单击"保存"按钮,即可将图像设计结果保存在 png 格式的文件中。

（5）设置导出文件的 gif 格式。在 Fireworks 窗口中单击舞台或画布,确定在 Fireworks 窗口下方显示画布的"属性"面板。如图 2-4 所示,在"属性"面板的"默认导出选项"下拉列表中确认或选择"GIF 网页 216"选项,此处可设置导出文件的 gif 格式。

图 2-4　设置导出文件的 gif 格式

（6）生成 gif 文件。在菜单栏中选择"文件"|"导出"命令,在弹出的"导出"对话框中单击"导出"按钮,即可根据 png 文件生成同名的 gif 格式的文件。

注意:

（1）与 Fireworks 软件有关的图像及文件格式有 PNG、GIF 和 JPEG 三种。

（2）PNG(Portable Network Graphics,便携式网络图像)和 GIF(Graphics Interchange Format,图像交换格式)都是采用无损压缩技术的图像格式。但比较 png 文件和 gif 文件的大小,可以发现,gif 文件占用更小的存储空间。因此,在网络中传输 gif 文件所需的时间开销更小,能够使网站访问者体会到较快的浏览速度,但 gif 文件不能处理和存储真彩的图像。

（3）JPEG(Joint Photographic Experts Group,联合图像专家小组)是一种采用失真压缩技术的图像格式,但能够处理和存储真彩的图像。

（4）使用 Fireworks,可以对 png 文件中的图像进行重新修改和加工,并且能根据 png 文件导出并生成 gif 格式和 jpeg 格式的文件。

（5）GIF 格式的图像文件的扩展名是.gif,JPEG 格式的图像文件的扩展名是.jpg 或.jpeg。

2.3 制作导航栏按钮图片

导航栏是网页的重要组成部分,通常由一组具有按钮功能的图片组成。单击导航栏中的按钮图片,可以打开新的网页。

【例 2-2】 制作"课程简介"按钮图片。制作步骤如下。

(1)创建新画布。进入 Fireworks 后,在菜单栏中选择"文件"|"新建"命令。在弹出的"新建文档"对话框中将画布的宽度和高度分别设置为 200 和 20 像素。然后单击"确定"按钮。

(2)添加矩形。在"工具"面板的"矢量"区域中选择"矩形"工具,然后在画布中插入一个"矩形"对象。如图 2-5 所示,以画布的宽度和高度为标准,在"属性"面板中设置"矩形"的宽度和高度,并将"矩形"的 X 和 Y 均设置为 0,这样可以使"矩形"的大小和位置与画布完全吻合。最后设置矩形的填充类别。

图 2-5 设置"矩形"的属性

(3)添加文本。在"工具"面板的"矢量"区域中选择"文本"工具,然后在画布中插入一个"文本"对象,并在其中输入文本"课程简介"。如图 2-6 所示,参照画布的宽度和高度,在"属性"面板中将"文本"的宽度和高度分别设置为 160 和 16,再将"文本"的 X 和 Y 分别设置为 20 和 2,这样可以使"文本"的中心与画布的中心完全一致。最后设置文本的颜色。

图 2-6 设置"文字"的属性

(4)保存 png 文件。将图像设计结果保存在 png 格式的文件中,并将文件命名为"2-2"。

(5)生成 gif 文件。在菜单栏中选择"文件"|"导出"命令,根据 png 文件生成同名的 gif 文件。

2.4 将文本附加到路径

在 Fireworks 的"工具"面板中,使用"矢量"区域内的工具可以绘制直线、圆、椭圆、正方形和矩形等矢量图形,并且这些图形是以路径定义形状的计算机图形。因此,若将文本附加到矢量图形的路径上,可以达到沿特定路径排列文字的特殊效果。

【例2-3】　环绕文字效果。制作步骤如下。

(1) 创建新画布。进入Fireworks后,在菜单栏中选择"文件"|"新建"命令。在弹出的"新建文档"对话框中将画布的宽度和高度分别设置为300和300像素,并将画布颜色设置为白色。然后单击"确定"按钮。在菜单栏中选择"视图"|"缩放比率"命令,放大画布的尺寸。

(2) 绘制圆形。在"工具"面板的"矢量"区域中选择"椭圆"工具,在画布中央绘制一个直径为160的圆形,将其"填充类别"设置为无,将其"描边种类"、"笔尖大小"和"颜色"分别设置为实线、1像素和黑色。

(3) 切割圆形路径。确认已选中圆形路径,若没有则在"工具"面板的"选择"区域中选择"指针"工具,然后再单击圆形。在"工具"面板的"矢量"区域中选择"刀子"工具。然后,绘制一条通过圆形路径左右两个节点的直线,即可将整个圆形路径切割为上、下两个半圆形路径。

(4) 在画布中添加文本。在"工具"面板的"矢量"区域中选择"文本"工具,然后在画布中输入文本"www.tup.com.cn",并将文本的字体、大小、颜色分别设置为Arial Black、25像素、红色。

(5) 将文本附加到上半圆形路径。在"工具"面板的"选择"区域中选择"部分选定"工具,然后按住鼠标左键,移动鼠标在画布中选择一个包括文本"www.tup.com.cn"和上半圆形路径的矩形区域,即可同时选中文本和上半圆形路径。从菜单栏中选择"文本"|"附加到路径"命令,即可将文本"www.tup.com.cn"附加到上半圆形路径。

(6) 沿路径均匀排列文本。确认已选中文本"www.tup.com.cn",然后在菜单栏中选择"文本"|"对齐"|"两端对齐"命令,即可将文本沿上半圆形路径均匀排列。

(7) 将文本附加到下半圆形路径。按照4~6步骤的方法,将文本"清华大学出版社"附加到下半圆形路径,并沿路径均匀排列文本。

(8) 设置文本样式。确认选中文本"清华大学出版社",将其字体、大小、颜色分别设置为华文彩云、30像素、红色。

(9) 翻转文本。在菜单栏中选择"文本"|"倒转方向"命令,可以将文本沿路径翻转。

(10) 下沉文本。在菜单栏中选择"文本"|"编辑器"命令,会弹出"文本编辑器"对话框。如图2-7所示,在对话框中将"基线调整"设置为-10,可以使文本下沉。

图2-7　环绕文字的最终效果

也可以选中全部文本,然后在"属性"面板中设置"基线调整"。

至此,即完成了最终的环绕文字效果。

(11) 保存 png 文件。将图像设计结果保存在 png 格式的文件中,并将文件命名为"2-3"。

(12) 生成 gif 文件。在菜单栏中选择"文件"|"导出"命令,根据 png 文件生成同名的 gif 文件。

2.5　制作图片交替效果的 GIF 动画

在浏览网页时,经常遇到在同一区域中几张图片交替切换和显示的情况。使用 Fireworks 制作 GIF 动画图片,可以达到这种视觉效果。

【例 2-4】　制作图片交替的 GIF 动画。制作步骤如下。

(1) 创建新画布。进入 Fireworks 后,在菜单栏中选择"文件"|"新建"命令。在弹出的 "新建文档"对话框中将画布的宽度和高度分别设置为 400 和 100 像素,并将画布颜色设置 为白色。然后单击"确定"按钮。

(2) 准备素材。在菜单栏中选择"帮助"|"关于 Fireworks"命令,显示 Fireworks 标志 图片。单击键盘右上角的屏幕打印键(Print Screen 键或 prt sc 键),即可将包含 Fireworks 标志图片的整个屏幕图像复制到 Windows 剪贴板中。

在 Windows XP 界面左下角,选择"开始"|"所有程序"|"附件"|"画图"命令,打开"画 图"软件。按 Ctrl+V 组合键,可以从 Windows 剪贴板中粘贴包含 Fireworks 标志图片的 屏幕图像。如图 2-8 所示,在"画图"软件左边的工具箱中单击"选定"工具,按住鼠标左键并 移动鼠标,选择一个包含 Fireworks 标志图片的区域,然后释放鼠标左键。按 Ctrl+C 组合 键,将 Fireworks 标志图片复制到 Windows 剪贴板中。

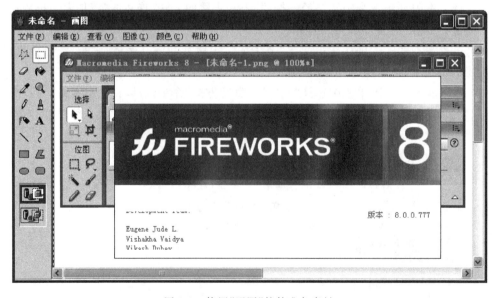

图 2-8　使用"画图"软件准备素材

(3) 在画布中添加 Fireworks 标志图片。切换回 Fireworks 软件,然后按 Ctrl+V 组合键，从 Windows 剪贴板中粘贴 Fireworks 标志图片。

（4）使 Fireworks 标志图片与画布吻合。在菜单栏中选择"窗口"|"对齐"命令，打开"对齐"面板。如图 2-9 所示，在"对齐"面板中依次选择"到画布"、"匹配宽度"、"匹配高度"、"水平居中"和"垂直居中"，即可使 Fireworks 标志图片的大小和位置与画布完全吻合。

（5）设置帧延时。在菜单栏中选择"窗口"|"帧"命令，会在 Fireworks 窗口的右边展开并显示在"帧"面板中。如图 2-10 所示，双击第 1 帧所在行右边的单元格，将该帧的延时设置为 100/100 秒（即 1 秒），表示该帧中的画面将持续显示 1 秒钟。并确认选中"导出时包括"复选框。

图 2-9　使用"对齐"面板将 Fireworks
标志图片与画布吻合

图 2-10　设置帧延时

（6）制作其他两帧画面。在"帧"面板右下角，单击"新建/重制帧"按钮 2 次，增加第 2 帧和第 3 帧。然后，采用第 2 步到第 5 步中的方法，在第 2 帧和第 3 帧中分别添加 Dreamweaver 标识图片和 Flash 标识图片。

（7）测试 GIF 动画。如图 2-11 所示，在舞台下方单击"播放/停止"按钮，即可测试 GIF 动画。在该 GIF 动画中，将依次显示第 1 帧中的 Fireworks 标志、第 2 帧中的 Dreamweaver 标志和第 3 帧中的 Flash 标志画面，且每个标志画面可持续 1 秒钟。

图 2-11　测试 GIF 动画

（8）保存 png 文件。将 GIF 动画的设计结果保存在 png 格式的文件中，并将文件命名为"2-4. png"。

（9）生成 GIF 动画。如图 2-12 所示，在 Fireworks 窗口下方的"属性"面板中，选择并确认"动画 GIF 接近网页 128 色"。

图 2-12　设置导出选项

然后在菜单栏中选择"文件"|"导出"命令，Fireworks 即将根据 png 文件导出并生成 GIF 动画文件，并将 GIF 动画保存在名为"2-4. gif"的 gif 文件中。

（10）查看 GIF 动画。右击文件"2-4. gif"，在弹出的快捷菜单中选择"打开方式"|"Windows 图片和传真查看器"命令，即可在图片浏览器中查看文件"2-4. gif"的 GIF 动画效果。

注意：

（1）在第（9）步中，必须选择并确认"动画 GIF 接近网页 128 色"，否则在图片浏览器中将看不到 GIF 动画文件的动画效果。

（2）在第（10）步中，如果使用 Fireworks 打开 GIF 动画文件，只能修改文件，而不能查看该 GIF 动画文件的动画效果。

2.6　制作滚动字幕效果的 GIF 动画

滚动字幕是在电视剧结尾经常看到的一种动画效果。在 Fireworks 中使用蒙版，可以制作能够产生滚动字幕效果的 GIF 动画。

【例 2-5】 使用蒙版制作滚动字幕效果的 GIF 动画。制作步骤如下。

1. 创建新画布

进入 Fireworks 后，在菜单栏中选择"文件"|"新建"命令。在弹出的"新建文档"对话框中将画布的宽度和高度分别设置为 800 和 100 像素，并将画布颜色设置为黑色。然后单击"确定"按钮，即可在舞台中创建新画布。

2. 制作文本内容的图形元件

（1）设置文本属性。在"工具"面板的"矢量"区域中选择"文本"工具。如图 2-13 所示，在"属性"面板中将文本的字体、大小、颜色分别设置为 Arial Black、60 像素、绿色。

（2）在画布中添加文本。在画布中添加并输入文本"使用蒙版制作的滚动字幕"。

（3）将文本转换为图形元件。在菜单栏中选择"修改"|"元件"|"转换为元件"命令，会弹出"元件属性"对话框。如图 2-14 所示，在"名称"文本框中输入"文本图形元件"，然后单

图 2-13　设置文本属性

击"确定"按钮,即可将画布中的文本"使用蒙版制作的滚动字幕"转换为一个图形元件,同时该图形元件被添加到"库"面板中。

图 2-14　将文本对象转换为图形元件

（4）在画布中使图形元件居中。在"属性"面板中,将"文本图形元件"的宽、高、X 和 Y 分别设置为 650、60、75 和 20,则可以使"文本图形元件"居于画布的正中央。

3．制作第一个元件和矢量蒙版组合

（1）在图形元件上方绘制矩形。在"工具"面板的"矢量"区域中选择"矩形"工具,然后在画布中添加一个与"文本图形元件"大小相同的矩形,并使"矩形"恰好覆盖"文本图形元件"。如图 2-15 所示,在"属性"面板中将矩形的填充类别和颜色依次设置为"渐变|线性"和"黑色-白色-黑色"。

图 2-15　设置矩形属性

（2）制作蒙版。如图 2-15 所示，在"层"面板中单击"层 1"，可以同时选中"矩形"和"文本图形元件"。在菜单栏中选择"修改"|"蒙版"|"组合为蒙版"命令，可以基于"矩形"生成一个"矢量蒙版"，并将该"矩形矢量蒙版"和"文本图形元件"组合并链接在一起。

（3）重新命名层。将"层"面板中的"层 1"改名为"蒙版层"。此时，"层"面板如图 2-16 所示。在蒙版层中包含了第一个元件和矢量蒙版组合。

图 2-16　矢量蒙版和元件组合

（4）在元件和矢量蒙版组合中移动"文本图形元件"。单击元件和矢量蒙版之间的铁链图标，可以将"文本图形元件"和"矩形矢量蒙版"分开。单击左边的"文本图形元件"，使用右方向键（→）在画布中将"文本图形元件"移动到"矩形矢量蒙版"的右边，直至使"文本图形元件"中的文本看不见。在"属性"面板中将"文本图形元件"的 X 设置为 750，也可以直接在画布中将"文本图形元件"移动到"矩形矢量蒙版"的右边。

4．制作第二个元件和矢量蒙版组合

在"层"面板中单击第一个元件和矢量蒙版组合，然后依次使用 Ctrl＋C 键和 Ctrl＋V 键，可以复制并生成第二个元件和矢量蒙版组合。在第二个元件和矢量蒙版组合中，单击左边的"文本图形元件"，使用左方向键（←）在画布中将"文本图形元件"移动到"矩形矢量蒙版"的左边，直至使"文本图形元件"中的文本看不见。在"属性"面板中将"文本图形元件"的 X 设置为−600，也可以直接在画布中将"文本图形元件"移动到"矩形矢量蒙版"的左边。

5．制作补间动画

如图 2-17 所示，在"层"面板中，分别单击两个元件和矢量蒙版组合中的铁链图标，分别将两个组合中的"文本图形元件"和"矩形矢量蒙版"重新链接起来。

如图 2-18 所示，在"帧"面板中将"帧延时"设置为 30/100 秒。

图 2-17　重新链接"元件"和"矢量蒙版"　　　　　图 2-18　设置帧延时

在"层"面板中单击"蒙版层"，可以同时选中两个元件和矢量蒙版组合。然后，在菜单栏中选择"修改"|"元件"|"补间实例"命令，会弹出"补间实例"对话框。如图 2-19 所示，在"步

骤"文本框中输入 25,并选中"分散到帧"复选框。然后单击"确定"按钮,即可制作补间动画。

图 2-19 设置补间动画属性

此时,在"帧"面板中可以看到共有 27 帧。其中,第 2 帧至第 26 帧(共 25 帧)是根据"蒙版层"中的两个元件和矢量蒙版组合生成的。

6. 测试 GIF 动画

在舞台下方单击"播放/停止"按钮,即可测试 GIF 动画文件。在该 GIF 动画中,文本"使用蒙版制作的滚动字幕"在蒙版下将从右向左滚动。

7. 保存 png 文件

将 GIF 动画的设计结果保存在 png 格式的文件中,并将文件命名为"2-5.png"。

8. 生成 GIF 动画

如图 2-20 所示,在 Fireworks 窗口下方的"属性"面板中,选择并确认"动画 GIF 接近网页 128 色"。

图 2-20 设置导出选项

在菜单栏中选择"文件"|"导出"命令,将根据 png 文件导出并生成 GIF 动画文件,并将 GIF 动画保存在名为"2-5.gif"的 gif 文件中。

9. 查看 GIF 动画

右击文件"2-5.gif",在弹出的快捷菜单中选择"打开方式"|"Windows 图片和传真查看器"命令,即可在图片浏览器中查看文件"2-5.gif"的 GIF 动画效果。

2.7 小结

除 Fireworks 外,Photoshop、Illustrator 和 CorelDRAW 也都是流行的图像处理和平面设计软件。

网页中所使用的图像及其文件格式主要有 GIF 和 JPEG 两种格式。

使用 GIF 格式的文件,可以同时存储若干幅静态图像进而生成连续播放效果的 GIF 动画。

在 Fireworks 软件中,还可以通过使用元件、蒙版、补间等技术制作 GIF 动画。

GIF 图像文件的扩展名是 .gif,JPEG 图像文件的扩展名是 .jpg 或 .jpeg。

2.8　习题

1. 网页中主要使用哪两种格式的图像文件? 两者有哪些相似点和不同点?
2. 在例 2-1 和例 2-2 中导出 JPEG 格式的图像文件。

第3章 使用Flash制作动画

Flash 是一款设计和制作动画的专业软件,它能使网页设计人员充分发挥创新力和想象力,随心所欲地设计各种动画标志和广告条。使用 Flash 软件,网页设计人员还可以制作动感十足的动画短片。

3.1 Flash 软件的工作界面

如图 3-1 所示,Flash 软件的工作界面主要由菜单栏、动画场景编辑区、"时间轴"面板、"工具"面板、"库"面板和"属性"面板组成。

图 3-1 Fireworks 软件的工作界面

1. 菜单栏

菜单栏位于 Flash 窗口的上方,包括文件、编辑、视图、插入、修改、文本、命令、控制、窗口和帮助等菜单。每个菜单又包含一组功能相关的命令。

选择"窗口"菜单中的命令,可以显示或隐藏"时间轴"、"工具"、"库"和"属性"等面板。例如,在菜单栏中选择"窗口"|"库"命令,可以显示"库"面板;再次选择"窗口"|"库"命令,则将隐藏"库"面板。

2. 动画场景编辑区

动画场景编辑区位于 Flash 窗口的中央,是一个放置图形内容的矩形区域,这些图形内容包括矢量插图、文本框、按钮、导入的位图图形或视频剪辑等。

3. "时间轴"面板

时间轴位于舞台上方,用于组织和控制 Flash 文档内容在一定时间内播放的图层数和帧数。与胶片一样,Flash 文档也将时长分为帧。图层就像堆叠在一起的多张幻灯胶片一样,每个图层都包含一个显示在舞台中的不同图像。

4. "工具"面板

"工具"面板位于 Flash 窗口的左边,由"工具"、"查看"、"颜色"和"选项"四个区域组成。使用"工具"面板中的工具可以绘图、上色、选择和修改插图,并可以更改舞台的视图。

5. "库"面板

"库"面板位于 Flash 窗口的右边,是存储和组织在 Flash 中创建的各种元件的地方,它还用于存储和组织导入的文件,包括位图图形、声音文件和视频剪辑。

6. "属性"面板

"属性"面板位于 Flash 窗口的下方,使用"属性"面板可以轻松地设置在舞台或时间轴上当前选定项的属性,从而简化 Flash 文档的创建过程。

3.2　制作缩放自如的文字

在"时间轴"面板中,可以在不同帧中设置不同的画面。这样,不同帧中的画面连续播放,即可产生动画效果。

【例 3-1】　利用时间轴制作缩放自如的文字。制作步骤如下。

(1) 新建 Flash 文档。进入 Flash 后,在菜单栏中选择"文件"|"新建"命令。在弹出的"新建文档"对话框中选择"Flash 文档"类型。然后,单击"确定"按钮,即可新建 Flash 文档,并将打开动画场景编辑区。

(2) 设置 Flash 文档及动画场景的属性。在菜单栏中选择"修改"|"文档"命令,则会弹出"文档属性"对话框。如图 3-2 所示,在"文档属性"对话框中将动画场景的"尺寸"设置为 800px(宽)×80px(高),设置动画场景的"背景颜色",并将"帧频"设置为 12fps。

(3) 创建图形元件。在菜单栏中选择"插入"|"新建元件"命令。如图 3-3 所示,在弹出的"创建新元件"对话框中输入新元件的名称"欢迎文字",并选择"图形"类型。单击"确定"按钮,即可创建一个图形元件,并将该图形元件添加到 Flash 窗口右边的"库"面板中。同时,在 Flash 窗口的中间打开元件编辑区。

(4) 添加文本。在"工具"面板的"工具"区域中选择"文本工具",然后在元件编辑区中输入"网页设计与制作"。

图 3-2　设置 Flash 文档及动画场景的属性　　　　　图 3-3　创建新元件

（5）设置文本的属性。在"工具"面板的"工具"区域中选择"选择工具"。如图 3-4 所示，在"属性"面板中设置字体、字体大小、宽、高、X 和 Y 等属性。

图 3-4　设置文本的属性

（6）分离文字并设置单个文字的颜色。在菜单栏中选择"修改"|"分离"命令，即可将整个文字串分离成单个的文字。然后分别选中每个文字，通过"属性"面板设置每个文字的颜色。

（7）切换回场景编辑区。在 Flash 窗口上方有"时间轴"面板，在该面板的左上方选择"场景 1"，可以从元件编辑区切换到场景编辑区。

（8）在场景中添加元件。从 Flash 窗口右边的"库"面板中，将"欢迎文字"元件拖曳到"场景 1"编辑区。

（9）在第 1 帧中设置元件的大小及其在场景中的位置。如图 3-5 所示，在"属性"面板中设置宽、高、X 和 Y 属性，设置元件的大小及其在场景中的位置。此外，还可以设置元件的亮度。此时，该元件及其画面就出现在"场景 1"的第 1 帧中。

图 3-5　设置元件的大小及其在场景中的位置

（10）在关键帧中复制元件及其画面。在"时间轴"面板中右击第20帧，在弹出的快捷菜单中选择"插入关键帧"命令，即可将第1帧中的元件及其画面复制到第20帧中。

（11）在第20帧中设置元件的大小及其在场景中的位置。在"属性"面板中，将元件的宽、高、X和Y属性分别设置为700、70、50和5。

（12）指定中间帧中画面的生成方式。如图3-6所示，在"时间轴"面板中选择第1帧，然后在"属性"面板中将"补间"设置为"动画"，选中"缩放"，并将"旋转"设置为"自动"。这样，可以指定从第1帧到第20帧之间的每帧中画面的生成方式。

图3-6 指定中间帧中画面的生成方式

（13）观察动画效果。在菜单栏中选择"控制"|"测试影片"命令，可以观察从第1帧到第20帧之间每帧画面的连续播放效果。

（14）保存Flash文档。在菜单栏中选择"文件"|"保存"命令，在弹出的"另存为"对话框中选定相应的文件夹，将文档命名为"3-1"。然后，单击"确定"按钮，即可将动画设计结果保存在fla格式的Flash文档中。

（15）生成swf文件。在菜单栏中选择"文件"|"发布"命令，即可根据Flash文档生成同名的swf文件。

注意：

（1）使用Flash，可以对fla文件中的动画及其中的元件进行重新处理和加工，但不能对swf文件重新处理和加工。此外，还可以使用其他视频软件播放swf文件中的动画，而且swf文件有很好的动画效果。

（2）比较fla文件和swf文件的大小，可以发现：swf文件占用很小的存储空间。因此，在网络中传输swf格式的动画文件所需的时间开销不大，可以使网站访问者体会到较快的浏览速度。

3.3 制作运动渐变的动画

在开始关键帧中设置文字的属性，比如大小、颜色和亮度等，然后在结束关键帧中改变这些属性，可以产生运动渐变的动画效果。

【例3-2】 制作运动渐变的动画。制作步骤如下。

（1）新建Flash文档。进入Flash后，在菜单栏中选择"文件"|"新建"命令。在弹出的"新建文档"对话框中选择"Flash文档"类型。然后单击"确定"按钮，打开动画场景编辑区。

（2）设置Flash文档及动画场景的属性。在菜单栏中选择"修改"|"文档"命令，弹出"文档属性"对话框。如图3-7所示，在"文档属性"对话框中将动画场景的"尺寸"设置为600px（宽）×200px（高），设置动画场景的"背景颜色"，并将"帧频"设置为1fps。

图 3-7　设置 Flash 文档及动画场景的属性

如图 3-8 所示，也可以通过 Flash 窗口下方的"属性"面板设置 Flash 文档及动画场景的属性。

图 3-8　通过"属性"面板设置 Flash 文档及动画场景的属性

（3）在动画场景编辑区输入文本并设置文本属性。首先，在"工具"面板中选择"文本工具"，在场景编辑区输入文本"欢迎光临"。然后，在"工具"面板中选择"选择工具"，选中"欢迎光临"整个文本串。如图 3-9 所示，在"属性"面板上将文本串的"字体"、"字体大小"和"颜色"分别设置为"楷体"、70 和黑色，再通过设置"宽"、"高"、"X"和"Y"属性将文本调整到舞台中央。

图 3-9　在"属性"面板上设置文本属性

（4）在图层之间复制、粘贴帧。在"时间轴"面板中双击"图层 1"，将其名称修改为"FLASH"。在菜单栏中选择"插入"|"时间轴"|"图层"命令，可以新建"图层 2"。右击"FLASH"图层的第 1 帧，在弹出的快捷菜单中选择"复制帧"命令。然后右击"图层 2"的第 1 帧，在弹出的快捷菜单中选择"粘贴帧"命令。这样，可以将"FLASH"图层第 1 帧中的文本"欢迎光临"复制到"图层 2"的第 1 帧中。

（5）将分离的文字分散到多个图层中。在"图层2"的第1帧中选中文本"欢迎光临"，在菜单栏中选择"修改"|"分离"命令，将文本"欢迎光临"拆分为四个单独字符。然后，在菜单栏中选择"修改"|"时间轴"|"分散到图层"命令，将"图层2"第1帧中的四个单独字符分散到四个新建图层的第1帧中。此时，在"时间轴"面板中，图层分布如图3-10所示。

（6）删除多余的图层。在上一步中，已经将"图层2"第1帧中的四个单独字符分散到四个新建图层的第1帧中。这样，在"图层2"第1帧中不再有任何文本或字符。因此，可以删除"图层2"。在"时间轴"面板中右击"图层2"，在弹出的快捷菜单中选择"删除图层"命令，即可删除多余的"图层2"。

（7）将文本转换成图形元件。单击"欢"图层中的第1帧，即可自动选中文本"欢"。在菜单栏中选择"修改"|"转换为元件"命令，在弹出的"转换为元件"对话框中选中"图形"单选按钮，将元件名称设置为"欢"，单击"确定"按钮，即可以将"欢"图层第1帧中的文本"欢"转换为图形元件。采用类似的操作方法，将"迎"、"光"和"临"图层第1帧中的文本分别转换成名称为"迎"、"光"和"临"的图形元件。此时，"库"面板如图3-11所示。

图3-10　将分离的文字分散到多个图层中　　　　图3-11　库面板中的图形元件

（8）在图层中拖放帧。在"时间轴"面板的"欢"图层中，用鼠标左键选中第1帧，按住鼠标左键不放，同时将鼠标移动到第3帧，然后释放鼠标左键，可以将第1帧拖放到第3帧。采用类似的操作方法，将"迎"图层的第1帧拖放到第4帧，将"光"图层的第1帧拖放到第5帧，将"临"图层的第1帧拖放到第6帧。此时，在"时间轴"面板中，图层分布如图3-12所示。

图3-12　在图层中拖放帧

（9）在图层中插入结束关键帧。在"欢"图层中右击第7帧，然后在弹出的快捷菜单中选择"插入关键帧"命令，可以在第7帧插入结束关键帧。采用类似的操作方法，分别在"迎"图层的第8帧、"光"图层的第9帧和"临"图层的第10帧插入结束关键帧。

（10）在开始关键帧中移动并放大元件。单击"欢"图层中的第 3 帧，也就是开始关键帧，按住 Shift 键不放，再按左方向键两次，使元件"欢"向左移动两个位置。然后，在菜单栏中选择"窗口"|"变形"命令，打开"变形"面板。如图 3-13 所示，在"变形"面板上选中"约束"复选框，在"宽度"和"高度"文本框中输入 150％，可以将"欢"图层第 3 帧中的元件"欢"放大到原来的 1.5 倍。

采用类似的操作方法，分别在"迎"图层第 4 帧、"光"图层第 5 帧和"临"图层第 6 帧中向左移动元件"迎"、"光"和"临"，并使用"变形"面板将元件"迎"、"光"和"临"放大到原来的1.5 倍。

（11）在图层的结束关键帧中设置元件的亮度。单击"欢"图层的第 7 帧，也就是结束关键帧，单击元件"欢"。然后，在"属性"面板的"颜色"下拉列表框中选择"亮度"选项，在右侧的文本框中输入 100％。采用类似的操作方法，分别在"迎"图层第 8 帧、"光"图层第 9 帧和"临"图层第 10 帧中依次设置元件"迎"、"光"和"临"的亮度。

（12）创建补间动画。在"欢"图层中右击第 3 帧，也就是开始关键帧，然后在弹出的快捷菜单中选择"创建补间动画"命令，即可在第 3 帧和第 7 帧之间创建补间动画。采用类似的操作方法，分别在"迎"图层的第 4 帧和第 8 帧之间、"光"图层的第 5 帧和第 9 帧之间、"临"图层的第 6 帧和第 10 帧之间创建补间动画。此时，在"时间轴"面板中，图层分布如图 3-14 所示。

图 3-13　设置"变形"属性

图 3-14　最终的图层分布

（13）演示动画。在菜单栏中选择"控制"|"测试影片"命令，即可演示动画。在该动画中，共有五个图层，分别是"FLASH"、"欢"、"迎"、"光"和"临"图层，每个图层中的动画同时播放。这样，动画效果就是，在文字发生移动的同时，其大小和亮度同时变化，最终以高亮度闪过文字。

（14）保存 Flash 文档。在菜单栏中选择"文件"|"保存"命令，在弹出的"另存为"对话框中选定相应的文件夹，将文档命名为"3-2"。然后单击"确定"按钮，即可将动画设计结果保存在 fla 格式的 Flash 文档中。

（15）发布设置。在菜单栏中选择"文件"|"发布设置"命令，会弹出"发布设置"对话框。如图 3-15 所示，在"发布设置"对话框的"格式"选项卡中确认选中"Flash（.swf）"和"HTML（.html）"。

（16）发布动画。在菜单栏中选择"文件"|"发布"命令，即可根据 Flash 文档生成同名的 swf 文件，同时生成同名的 HTML 文档（3-2.html）。使用 IE 浏览器打开该 HTML 文档，即可以在浏览器中查看 SWF 动画效果。

图 3-15　发布设置

3.4　制作环绕球体旋转的文字

结合 Fireworks 软件,利用 Flash 软件能够更方便地制作动画,同时可提高动画的制作效率。

【例 3-3】　制作环绕球体旋转的文字。制作步骤如下。

(1) 新建 Flash 文档。进入 Flash 后,在菜单栏中选择"文件"|"新建"命令。在弹出的"新建文档"对话框中选择"Flash 文档"类型。然后单击"确定"按钮,打开动画场景编辑区。

(2) 设置 Flash 文档及动画场景的属性。在菜单栏中选择"修改"|"文档"命令,弹出"文档属性"对话框。在"文档属性"对话框中将动画场景的"尺寸"设置为 200px(宽)×200px(高),将动画场景的"背景颜色"设置为"黑色",并将"帧频"设置为 5fps。

(3) 设置标尺和网格。在菜单栏中选择"视图"|"标尺"命令,即可设置动画场景编辑区的标尺。在菜单栏中选择"视图"|"网格"|"编辑网格"命令,可以打开"网格"对话框。如图 3-16 所示,在"网格"对话框中设置网格的水平和垂直基线间距,然后单击"确定"按钮,即可在场景编辑区中设置和显示网格。标尺和网格将有助于动画元件在场景编辑区中的快速定位。

图 3-16　设置网格

（4）制作图形 Ball 元件。在菜单栏中选择"插入"|"新建元件"命令,然后在"创建新元件"对话框中输入新元件的名称"Ball",并选择"图形"类型,最后单击"确定"按钮,即可创建新的图形元件 Ball,并将该图形元件添加到 Flash 窗口右边的"库"面板中。同时,在 Flash 窗口的中间打开元件编辑区。

在"工具"面板中单击"椭圆工具",在元件编辑区中通过拖动鼠标绘制一个正圆。然后,通过 Flash 窗口下方的"属性"面板将圆形精确定位在元件编辑区的正中央,同时将圆形的宽和高均设置为 140 像素。

在菜单栏中选择"窗口"|"混色器"命令,在 Flash 窗口右方打开"混色器"窗口。如图 3-17 所示,设置混色器。

在"工具"面板中单击"颜料桶工具",单击圆形的中心点。然后,使用"工具"面板中的"填充变形工具"将球体的色彩方向调整到如图 3-18 所示。

图 3-17　设置混色器

图 3-18　设置球体的色彩方向

（5）制作旋转文字"＊WelcomeToHere＊WelcomeToHere"。

首先,在 Fireworks 中制作环绕圆圈的文字。

① 打开 Fireworks,创建宽度和高度均为 200 像素、背景颜色为黑色的画布。

② 在画布中央绘制直径为 120 像素的实线圆圈。

③ 在画布中添加字体为 Arial Black、大小为 16、颜色为绿色的文字"＊WelcomeToHere＊WelcomeToHere",并将该文字设置为粗体。

④ 将文字"＊WelcomeToHere＊WelcomeToHere"附加到圆圈上,并使文字两端对齐。

⑤ 使用 Ctrl＋C 组合键,将环绕圆圈的文字"＊WelcomeToHere＊WelcomeToHere"复制到 Windows 剪贴板。

然后,在 Flash 中制作旋转文字。

① 在 Flash 窗口中,切换到场景编辑区,使用 Ctrl＋V 组合键,从 Windows 剪贴板中粘贴环绕圆圈的文字"＊WelcomeToHere＊WelcomeToHere"。此时,会在"库"面板中自动增加一个位图,将该位图重新命名为 WelcomeToHere。至此,"库"面板中的元件如图 3-19（a）所示。

② 在菜单栏中选择"插入"|"新建元件"命令,创建名称为"Rotating WelcomeToHere"、类型为"影片剪辑"的新元件,并进入元件编辑区。

③ 从"库"面板中将位图 WelcomeToHere 拖放到元件编辑区。然后,在"属性"面板中调整位图的宽、高、X 和 Y 属性值,使位图 WelcomeToHere 位于元件编辑区的正中央。此时,完成"影片剪辑"元件 Rotating WelcomeToHere 中第 1 帧动画的制作。

④ 在"时间轴"面板中右击第 50 帧,在弹出的快捷菜单中选择"插入关键帧"命令。

⑤ 在"时间轴"面板中单击第 1 帧。然后,在"属性"面板中将"补间"项设置为"动画",将"旋转"项设置为"顺时针"。这样,即可在第 1 帧和第 50 帧两个关键帧基础上创建补间动画。

至此,"库"面板中的元件如图 3-19(b)所示。其中,"影片剪辑"元件 Rotating WelcomeToHere 是在位图 WelcomeToHere 基础上创建的。

(a)　　　　　　　　　　　　　　　(b)

图 3-19 "库"及其中的元件

(6) 在 Flash 窗口中切换到场景编辑区,布置整个动画的场景。

① 从"库"面板将"图形"元件 Ball 拖放到场景编辑区,将元件 Ball 的高和宽均设置为 140 像素,并将其调整到场景编辑区的正中央。

② 从"库"面板将"影片剪辑"元件 Rotating WelcomeToHere 拖放到场景编辑区,将元件 Rotating WelcomeToHere 的高和宽均设置为 180 像素,并将其调整到场景编辑区的正中央。

③ 在"工具"面板中选择"文本工具"。然后,在元件 Ball 上方输入文本"欢迎光临《网页设计与制作》课程网站",将文本的字体、大小和颜色分别设置为"楷体_GB2312"、16 像素和紫色,并将文本设置为粗体和居中对齐。

整个动画的场景布置如图 3-20 所示。

图 3-20 动画场景布置

(7) 演示动画。在菜单栏中选择"控制"|"测试影片"命令,即可演示动画。文本" ＊ WelcomeToHere ＊ WelcomeToHere"会环绕球体并按顺时针方向旋转。

（8）保存 Flash 文档，将文档命名为"3-3"。然后，发布并生成同名的 swf 文件。

3.5　小结

在 Flash 软件中，通过使用元件、关键帧、补间等技术制作平面动画。

使用 Flash 软件制作的动画文件的扩展名是.fla。Flash 软件可以对这种格式的文件进行重新编辑和加工。

根据 Flash 文档可以生成网络中最常见的 swf 格式动画文件。

3.6　习题

1. 比较 GIF 动画和 SWF 动画的区别和用法。

2. 对例 3-1 中的动画进行重新加工，使其中的文字先由小变大，再由大变小。然后，发布并生成相应的 swf 动画文件。

第4章 超文本标记语言

万维网迅速发展的一个重要原因就是 HTML 的问世和应用。使用 HTML 编写的网页能够将互联网中的各种信息资源组织起来,并且人们可以使用 Web 浏览器轻松地访问这些信息资源。

设计和改进 HTML 的目的是为了能把存放在一台计算机中的信息资源与另一台计算机中的文本或图标方便地联系在一起,并形成一个有机整体。这样,人们不用考虑具体信息是存放在本地计算机上还是存放在互联网中的其他计算机上。只需使用鼠标在网页中单击一些文字或图标,就可以访问与这些文字或图标相关联的信息资源,而这些信息资源可能存放在互联网中的任何一台计算机上。

HTML 4.01 规范(HTML 4.01 Specification)是使用最为广泛的 HTML 标准。

4.1 表现性元素

HTML 4.01 规范定义了近 100 种元素,每种元素都起着特定的作用。其中,某些元素能够使其作用的内容表现出特定的视觉效果,这些元素也因此被称为表现性元素(Presentation Element)。

【例 4-1】 在 HTML 文档中使用表现性元素,并观察这些元素对其内容产生的特定视觉效果。具体步骤如下。

(1) 在 Notepad 软件中输入以下 HTML 代码。

```
<html>
  <head>
    <title>标题:表现性元素</title>
  </head>
  <body>
    <s>s 元素:定义加删除线的文本。</s>
    <strike>strike 元素:和 s 元素一样,定义加删除线的文本。</strike>
    <u>u 元素:定义下划线文本。</u>
    <center>center 元素:对其所包括的文本进行水平居中。</center>
    <i>i 元素:定义斜体文本。</i>
    <em>em 元素:把文本定义为强调的内容。</em><br>
    <b>b 元素:定义粗体文本。</b>
    <strong>strong 元素:把文本定义为语气更强的强调的内容。</strong>
  </body>
</html>
```

（2）在 Notepad 软件中保存 HTML 文档，并将其命名为"4-1.htm"。

（3）使用 IE 浏览器打开 HTML 文档"4-1.htm"。网页的浏览效果如图 4-1 所示。

图 4-1　使用 IE 浏览器打开 HTML 文档

在本例中，s、strike、u（underlined）、center、i（italic）、em（emphasis）、b（bold）和 strong（strong emphasis）等元素的作用有一个共同的特性：使其作用的内容表现出特定的视觉效果。无论是给文本添加删除线和下划线、显示文本的粗体或斜体效果，还是对文本进行水平居中，或是把文本定义为强调的内容，都是为了使元素作用的内容的视觉效果凸显。因此，s、strike、u、center、i、em、b 和 strong 等元素属于表现性元素。

然而，现在的 HTML 已经不再使用 s、strike、u 和 center 元素，这些元素也因此被称为被废弃的元素（Deprecated Element）。被废弃的表现性元素及其作用已经被样式（Style）所取代。使用样式同样能使元素作用的内容表现出特定的视觉效果。有关样式的相关概念和用法将在第 5 章中介绍。

上述代码中 em 元素后使用了 br 元素。在 HTML 中，br 元素是一个空元素，可以没有结束标签，用来定义强制性换行（forced line break）。

同 i 和 b 元素类似，em 和 strong 元素也能使它们作用的文本内容倾斜或加粗。但 em和 strong 元素的语义性更强，而且对搜索引擎（如 Google）更加友好，容易被搜索引擎捕获和收录。所以，现在更多推荐使用 em 和 strong 元素替代 i 和 b 元素。

如图 4-1 所示，i、em、b 和 strong 等元素如果在 HTML 文档中依次出现，这些元素中的内容会在同一行中从左向右依次排列。因此，这些元素也称为行内元素（Inline Element），或内联元素。而 center 元素中的内容在网页中独占一行，center 元素也因此称为块级元素（Block-Level Element）。

4.2　HTML 元素及其属性

在 HTML 文档中，很多元素都带有属性（Attribute）。使用属性，可以进一步说明或补充元素在 HTML 文档中的作用。属性及其属性值出现在元素的开始标签中。带有属性的元素的基本格式是：

```
<元素名 属性 1 = 属性值 1 属性 2 = 属性值 2 …> 内容 </元素名>
```

以 font 元素为例，其属性有 face、color 和 size，分别用于定义文本的字体、颜色和大小。

【例 4-2】　使用元素及其属性，并观察元素及其属性的作用。具体步骤如下。

（1）在 Notepad 软件中输入以下 HTML 代码。

```
<html>
  <head>
    <title>Welcome</title>
    <meta name = "keywords" content = "网页设计与制作">
  </head>
  <body>
    <font face = "Comic Sans MS" color = Green size = 4>Hello, World!</font><br>
    <font face = "Courier" color = Purple size = 6>Hello, World!</font>
    <font face = "Script" color = Blue size = 8>Hello, World!</font>
  </body>
</html>
```

在以上 HTML 代码中,meta 元素出现在 HTML 文档头部。meta 元素是一个空元素,没有结束标签。使用 meta 元素,可以描述网页的元信息(meta-information)。例如,在 meta 元素的开始标签中使用 name 和 content 属性,可以定义与网页关联的特性名称和特性值。meta 元素在搜索引擎营销(Search Engine Marketing,SEM)中非常有用,可以为网页定义一组关键字。具体方法如下:首先,将 name 属性值设置为"keywords";然后,在 content 属性值中定义一些关键字,关键字之间用逗号","分开。一些搜索引擎在遇到这些关键字时,会用这些关键字对 HTML 文档进行分类,这样,将有助于提高网页在搜索结果中的排名。

在 HTML 文档主体,用三个 font 元素分别定义了 3 组字体、颜色和大小各不相同的"Hello,World!"。

(2) 在 Notepad 软件中保存 HTML 文档,并将其命名为"4-2.htm"。

(3) 使用 IE 浏览器打开 HTML 文档"4-2.htm"。网页的浏览效果如图 4-2 所示。

图 4-2　使用 IE 浏览器打开 HTML 文档

注意:

(1) 由于在第一个 font 元素后使用了一个 br 元素定义强制性换行,所以,第一个 font 元素中的"Hello,World!"单独显示在第 1 行中。

(2) font 元素属于行内元素。所以,第二和第三个 font 元素中的"Hello,World!"均显示在第 2 行中。

(3) font 元素属于表现性元素。使用 font 元素及其属性 face、color 和 size,可以定义 font 元素内容中文本的字体、颜色和大小。同时,font 元素也属于被废弃元素,其作用已经被样式所取代。

4.3 a 元素及其应用

在 HTML 文档中,使用 a(anchor)元素可以定义内部书签或创建超链接(Hyperlink)。

在 a 元素的开始标签中使用 name 属性,可以在 HTML 文档中定义内部书签,以标记 a 元素在网页中的所在行。然后,在同一 HTML 文档中的其他地方使用 a 元素及其 href 属性,即可创建指向内部书签所在行的超链接。

此外,在 a 元素的开始标签中使用 href 属性,还可以创建指向互联网中任何信息资源的超链接。这些资源可以是保存在本地计算机上的文档(如 Word、Excel 文档),也可以是保存在互联网中其他计算机上的文档(如 HTML 文档)。

表 4-1 列出和说明了 a 元素中常见的属性及其用法。

表 4-1　a 元素中常见的属性及其用法

属性名称	属性值	属性的作用和用法
href	URL	指向互联网中的某一信息资源
title		用于指定鼠标指向超链接时所显示的提示信息
target	_self	默认值,在当前 Web 浏览器中打开网页
	_blank	在一个新的 Web 浏览器中打开网页
name		在 HTML 文档中定义内部书签

注意:a 元素的 title 属性与 title 元素是不同的。前者出现在 a 元素的开始标签中,用于指定鼠标指向超链接时所显示的提示信息;后者是一个结构性元素,出现在 HTML 文档头部,且是 head 元素的一个子元素。

【例 4-3】 在 HTML 文档中应用 a 元素,并观察 a 元素及其属性的作用。具体步骤如下。

(1) 在 Notepad 软件中输入以下 HTML 代码。

```
<html>
  <head><title></title></head>
  <body>
    <a href = "http://www.sina.com">创建指向新浪网的超链接(没有使用 target 属性)
      </a><br>
    <a href = "http://www.sina.com" title = "该超链接指向新浪网" target = "_self">
      超链接(target 属性值为_self)</a><br>
    <a href = "http://www.sina.com" title = "该超链接同样指向新浪网" target = "_blank">
      超链接(target 属性值为_blank)</a><br>
    <a href = "word1.doc">创建指向 Word 文档的超链接</a>
    <br><br><br><br><br><br><br><br><br><br><br><br><br><br><br>
    <a name = "middle">在网页的中间位置定义内部书签 middle</a>
    <br><br><br><br><br><br><br><br><br><br><br><br><br><br><br>
    <a href = "#">△返回本网页顶部</a>
    <br>
    <a href = "#middle">△返回书签 middle 所在行</a>
  </body>
</html>
```

在以上代码中,<a href="http://www.sina.com">创建一个指向新浪网的超链接,<a href="word1.doc">则创建指向 Word 文档"word1.doc"的超链接,<a name="middle">在网页的中间位置定义一个内部书签"middle",<a href="#">创建指向网页顶部的超链接,<a href="#middle">创建指向书签"middle"所在行的超链接。

(2) 在 Notepad 软件中保存 HTML 文档,并将其命名为"4-3.htm"。

(3) 在 HTML 文档"4-3.htm"所在的文件夹中新建一个 Word 文档,保存该 Word 文档并将其命名为"word1.doc"。

注意:由于 Word 文档"word1.doc"与 HTML 文档"4-3.htm"在同一文件夹中,所以 a 元素的 href 属性值可以直接使用 Word 文档的文件名,即上述 HTML 代码中的<a href="word1.doc">。

(4) 使用 IE 浏览器打开 HTML 文档"4-3.htm"。网页的浏览效果如图 4-3 所示。

图 4-3　使用 IE 浏览器打开 HTML 文档

在网页中,单击文本"创建指向新浪网的超链接(没有使用 target 属性)",即可以在当前 Web 浏览器中打开新浪网的首页。将鼠标移动到文本"超链接(target 属性值为_blank)"上面时,会出现提示信息"该超链接指向新浪网";单击该文本,将在一个新的 Web 浏览器中打开新浪网的首页。将鼠标移动到文本"超链接(target 属性值为_self)"上面时,会出现提示信息"该超链接同样指向新浪网";单击该文本时,可以在当前 Web 浏览器中打开新浪网的首页。单击文本"创建指向 Word 文档的超链接",则将弹出"文件下载"对话框,在该对话框中单击"打开"按钮,可以在 IE 浏览器中打开 Word 文档"word1.doc"。由于这些超链接是创建在文本之上的,所以,这些超链接也称为文本超链接。

缩小 IE 浏览器的高度,并使用浏览器右侧的滚动条,到达网页的最下方。如图 4-4 所示。

图 4-4　只显示网页的最下方

在网页中,单击文本"返回本网页顶部",可以返回网页的开始位置;单击文本"返回书签 middle 所在行",可以返回网页的中间位置,即 HTML 文档中内部书签"middle"的所在行。

注意:默认情况下,未被访问的文本超链接是蓝色并且有下划线的,已被访问的文本超链接则是紫色带下划线的。

4.4 标题元素

HTML 共有六个分级的标题元素(Heading),分别是 h1、h2、h3、h4、h5 和 h6 元素。使用标题元素,可以在网页上创建分级标题。

【**例 4-4**】 在网页中创建如图 4-5 所示的三级层次标题。

图 4-5　三级标题

相应的 HTML 代码如下:

```
<html>
  <head><title></title></head>
  <body>
    <h1>第 1 章 数据库技术概述(1 级标题)</h1>
    <h2>1.1 数据管理技术的发展(2 级标题)</h2>
    <h3>1.1.1 人工管理阶段(3 级标题 )</h3>
    <h3>1.1.2 文件系统阶段(3 级标题 )</h3>
    <h3>1.1.3 数据库系统阶段(3 级标题 )</h3>
  </body>
</html>
```

注意:

(1) h1、h2、h3、h4、h5 和 h6 等标题元素属于块级元素。因此,标题元素中的内容网页中独占一行。

(2) 和 html、head、body 和 title 元素类似,h1、h2、h3、h4、h5 和 h6 等标题元素也属于结构性元素,能够反映 HTML 文档的结构。

4.5 段落元素

在 HTML 文档中,使用 p 元素可以在网页中将一段文本定义为段落(Paragraph)。Web 浏览器会自动在段落的前后添加空行。如果希望在不产生一个新段落的情况下换行,可以在段落内使用 br 元素。

【例 4-5】 在 HTML 文档中使用 p 元素定义段落。HTML 代码如下:

```
<html>
  <head><title></title></head>
  <body>
  <p><em>互联网(Internet)</em>,又称<strong>因特网</strong>,意为"互相连接在一起的计算
机网络".在互联网中利用专门的技术和协议(例如 TCP/IP 和 FTP),能够将全球的计算机连接在一起,
从而实现信息资源共享和信息交换.而万维网(World Wide Web,WWW)则建立在互联网基础之上.</p>
  <p>万维网的核心包括三个部分.<br>1.超文本标记语言(HyperText Markup Language,HTML),其
主要作用是定义 HTML 文档(即网页)的内容和结构.对于信息资源的创建者和提供者而言,使用网页,
能够将互联网中的信息资源以结构化和可视化的形式进行有效组织.而在信息资源的需求方,使用
Web 浏览器(Web Browser)打开网页,能够轻松识别和访问互联网中的信息资源.<br>2.超文本传送
协议(HyperText Transfer Protocol,HTTP),负责 Web 浏览器和服务器之间的信息交换.<br>3.统一
资源标识符(Uniform Resource Identifier,URI).URI 是用于标识互联网中信息资源的字符串.URI 可
被视为统一资源名称(Uniform Resource Name,URN)、统一资源定位符(Uniform Resource Locator,URL)
或两者兼备.URN 如同一个人的姓名,而 URL 则如同一个人的住址.如果说,URN 是对互联网中某一信
息资源的命名,那么,URL 则定义信息资源在互联网中的位置.因此,URL 能够提供在互联网中查找该
信息资源的路径.</p>
  </body>
</html>
```

在以上 HTML 代码中,使用两个 p 元素定义了两个段落。

在第一个段落中,使用 em 元素和 strong 元素分别对文本"互联网(Internet)"和"因特网"进行了强调性格式化。因此,文本"互联网(Internet)"和"因特网"表现出与其他文本不同的视觉效果,也容易引起网页浏览者的注意。

在第二个段落中,使用三个 br 元素进行了换行。

使用 IE 浏览器打开 HTML 文档"4-5.htm",网页的浏览效果如图 4-6 所示。

图 4-6　使用 p 元素定义段落

注意：

（1）p 元素既是块级元素，又是结构性元素。

（2）块级元素可以包含其他块级元素，也可以包含行内元素，还可以包含文本内容。例如，在本例中，第一个 p 元素就包含一个 em 元素和一个 strong 元素。换句话说，第一个 p 元素有两个子元素，一个是 em 元素，一个是 strong 元素；em 元素和 strong 元素的父元素都是 p 元素。

（3）行内元素可以包含内容和其他行内元素，但不能包含块级元素。

4.6 列表元素

如图 4-7 所示，HTML 同时支持无序列表（Unordered List）和有序列表（Ordered List）。每个列表由若干个列表项（List Item）组成。在无序列表中，每个列表项的前面附加有一个小黑点。在有序列表中，每个列表项的前面标记有数字。

在 HTML 中，分别使用 ul、ol 和 li 元素定义无序列表、有序列表和列表项。

图 4-7　无序列表和有序列表

【例 4-6】　在网页中创建如图 4-7 所示的无序列表和有序列表。相应的 HTML 代码如下：

```
<html>
  <head><title></title></head>
  <body>
    无序列表
    <ul>
      <li>咖啡</li><li>茶</li><li>牛奶</li>
    </ul>
    有序列表
    <ol>
      <li>咖啡</li><li>茶</li><li>牛奶</li>
    </ol>
```

```
</body>
</html>
```

注意：ul、ol 和 li 元素都是块级元素。对于这三个元素，每个元素中的内容（文本）网页中都独占一行。

4.7　表格元素

HTML 允许在网页中定义表格（Table）。表格主要用来组织和显示数据。

4.7.1　表格的基本结构

如图 4-8 所示，表格主要包括标题（Caption）和表格行（Table Row）两部分。标题位于表格的上方。表格中的每一行又可以分解为若干个单元格。表格的第一行称为表头行（Table Header），表头行中的单元格称为表头单元格（Table Header Cell），通常在表头单元格中设置列标题。除表头行中的表头单元格外，其他行中的单元格通常用来组织和显示数据。因此，后者也被称为数据单元格（Table Data Cell）。

图 4-8　表格及其结构

表 4-2 列出了在 HTML 文档中定义表格时使用的元素及其属性。

表 4-2　定义表格时使用的元素及其属性

元　　素	元素的作用	属　　性
table	定义整个表格	align、bgcolor、border 等
caption	定义表格的标题	align
thead	定义表头	
th	定义表头单元格	
tr	定义表格行	
td	定义数据单元格	colspan、rowspan

【例 4-7】　在 HTML 文档中定义图 4-8 中的表格。具体步骤如下。

（1）在 Notepad 软件中输入以下 HTML 代码。

```
<html>
```

```
<head><title></title></head>
<body bgcolor=#FFEEDD>
  <table align=center bgcolor=#DDEEFF border=10>
    <caption align=top>标题</caption>
    <thead>
      <tr>
        <th>表头单元格：第一列标题</th>
        <th>表头单元格：第二列标题</th>
      </tr>
    </thead>
    <tr>
      <td>第一行第一列的单元格</td>
      <td>第一行第二列的单元格</td>
    </tr>
    <tr>
      <td>第二行第一列的单元格</td>
      <td>第二行第二列的单元格</td>
    </tr>
  </table>
</body>
</html>
```

在以上代码中，body 和 table 元素都带有属性 bgcolor，分别定义主体和表格的背景颜色。在计算机程序（包括 HTML 代码）中，颜色通常由一个六位的十六进制数来定义。其中，前面两位十六进制数对应红色，中间两位十六进制数对应绿色，后面两位十六进制数对应蓝色。例如，#FF0000 表示红色，#00FF00 表示绿色，#0000FF 表示蓝色。在 HTML 文档中，也可以直接使用一些预先定义的颜色名，如 black、blue、gray、green、purple、red、silver、white 和 yellow。

table 和 caption 元素都带有属性 align，分别定义表格的对齐方式和标题的位置。table 元素的 align 属性值可以是 left、center 或 right。caption 元素的 align 属性值可以是 top、bottom、left 或 right。

table 元素的属性 border 用来定义表格边框的宽度，其度量单位是像素（pixel）。

（2）在 Notepad 软件中保存 HTML 文档，并将其命名为"4-7.htm"。

（3）使用 IE 浏览器打开 HTML 文档"4-7.htm"，网页的浏览效果如图 4-8 所示。由于在 HTML 文档中将 table 元素的 align 属性值设置为 center，所以，调整 IE 浏览器窗口的宽度后，表格仍将重新在 IE 浏览器内水平居中。

4.7.2　跨行或跨列的表格单元格

如图 4-9 所示，表格中第二行第三列的单元格跨了两行，即同时占用了第三行第三列的单元格的位置。在 td 元素中，使用 rowspan 或 colspan 属性就可以制作跨行或跨列的表格单元格。

图 4-9　跨行的表格单元格

【例 4-8】　在 HTML 文档中定义如图 4-9 的表格,在 td 元素中使用 rowspan 属性制作跨行的单元格。相应的 HTML 代码如下:

```
<html>
  <head><title></title></head>
  <body>
    <table align = center border = 5>
      <thead>
        <th></th><th>销售额</th><th>全年销售额</th>
      </thead>
      <tr>
        <td>上半年</td><td>1000</td><td rowspan = 2>3000</td>
      </tr>
      <tr>
        <td>下半年</td><td>2000</td>
      </tr>
    </table>
  </body>
</html>
```

4.8　img 元素及其应用

在 HTML 文档中,使用 img 元素可以在网页中嵌入图像(Image)。存储图像的文件格式一般是 gif 和 jpeg,gif 文件占用很小的存储空间。因此,在网络中传输 gif 文件的时间开销很小,可以使网站访问者体会到较快的网页浏览速度。但从本质上讲,img 元素并不是直接在网页中插入图像,而是定义指向图像文件的超链接。此外,img 元素将为所链接的图像创建占位空间。img 元素的属性及其用法见表 4-3。

表 4-3　img 元素的属性及其用法

属　性	值	描　述	必选/可选
scr	URL	定义指向图像的超链接	必选
alt	text	定义图像的替代文本	可选
height	pixels 或 %	定义图像的高度	可选
width	pixels 或 %	定义图像的宽度	可选

【例4-9】 使用 img 元素在网页中嵌入图像,并观察 img 元素及其属性的作用。具体步骤如下。

(1) 在 Notepad 软件中输入以下 HTML 代码。

```
< html >
  < head >< title >< /title >< /head >
  < body >
    < img src = "../ch02/2 - 4.gif" width = 200 height = 50 >< br >< br >
    < img src = "../ch02/2 - 4.gif" alt = "GIF 动画图片">
  < /body >
< /html >
```

在以上 HTML 代码中,第一个 img 元素的 src 属性值"../ch02/2-4.gif"表示,所嵌入的图像文件"2-4.gif"保存在当前 HTML 文档所在文件夹的上一级文件夹的下一级文件夹 ch02 中。

在 HTML 文档中插入超链接或嵌入图像时,经常需要引用本地计算机上不同文件夹中的文件。此时,可以使用相对路径(Relative Path)或绝对路径(Absolute Path)指定被引用文件在本地计算机中的存储位置。

相对路径及其表示方法与文件夹的层次结构密切相关。图 4-10 表示 E 盘上的文件夹及其层次结构,当前 HTML 文档是"E:/WebPage/exercise/ch04/4-9.htm"。在 HTML 文档"4-9.htm"中,相对路径"../"表示当前 HTML 文档所在文件夹的上一级文件夹,即文件夹 exercise;相对路径"../../"表示当前 HTML 文档所在文件夹的上上级文件夹,即文件夹 WebPage;"../ch02/2-4.gif"则表示文件夹 ch02 中的文件 2-4.gif。

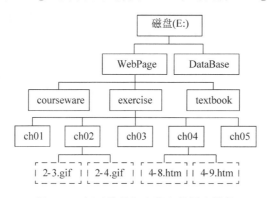

图 4-10 相对路径与文件夹的层次结构

被引用文件在本地计算机中的存储位置也可以用绝对路径表示。例如,绝对路径"E:/Web Page/exercise/ch02/2-4.gif"即表示,图像文件"2-4.gif"保存在 E 盘的 Web Page/exercise/ch02 文件夹中。其中,"E:/Web Pagee/exercise/ch02/"即是绝对路径。

在插入超链接或嵌入图像时,如果被引用文件的路径不正确,就无法打开被引用文件,或显示嵌入图像。

注意:由于文件夹的层次结构是相对稳定的,所以通常使用相对路径指定文件在本地计算机中的存储位置。

(2) 在 Notepad 软件中保存 HTML 文档,并将其命名为"4-9.htm"。

(3) 使用 IE 浏览器打开 HTML 文档"4-9.html",网页的浏览效果如图 4-11 所示。

图 4-11   使用 img 元素在网页中嵌入图像

如图 4-11 所示,在该网页中嵌入了两个图像,它们均引用同一文档"2-4. gif",该文档是一个 400 像素(宽)×100 像素(高)的 GIF 动画图片。但由于 img 元素使用的属性及属性值不同,两个图像的显示效果是不一样的。

在第一个 img 元素的开始标签<img src=". ./ch02/2-4. gif" width=200 height=50>中,由于设置了 200 像素(宽)×50 像素(高)的固定区域大小,所以图片"2-4. gif"只能在 200 像素(宽)×50 像素(高)区域内显示。

在第二个 img 元素的开始标签<img src=". ./ch02/2-4. gif" alt="GIF 动画图片">中,由于省略了 width 和 height 属性,图片"2-4. gif"将按照原有尺寸(400 像素×100 像素)显示。又由于将 alt 属性值设置为"GIF 动画图片",所以当鼠标落在该图片上时,会显示替代文本"GIF 动画图片"。

注意:如果在 img 元素后面不使用 br 元素强制换行,则两幅动画图片会显示在同一行上。因此,img 元素也属于行内元素。

4.9   行内元素和块级元素

在 HTML 文档中,i、em、b、strong、a、img 和 span 等元素称为行内元素(Inline Element),或内联元素。h1、h2、h3、h4、h5、h6、p、ul、ol、li 和 div 等元素则称为块级元素(Block-Level Element)。

【例 4-10】   行内元素和块级元素。HTML 代码如下:

```
<html>
  <head><title></title></head>
  <body>
    <a href = "#">a元素: 返回页首</a>
    <img src = "../ch02/2-4.gif">
    <span>span元素</span>
    <h1>h1元素</h1><p>p元素</p><div>div元素</div>
  </body>
</html>
```

上述 HTML 代码在 IE 浏览器中的表现效果如图 4-12 所示。

图 4-12　行内元素和块级元素

如果 a、img 和 span 等行内元素在 HTML 文档中依次出现，则行内元素中的内容在网页的同一行中会从左向右依次排列。而 h1、p 和 div 等块级元素中的内容在网页中会独占一行。

通常情况下，行内元素可以包含内容和其他行内元素，但不能包含块级元素。

块级元素（尤其是 div 元素）可以包含其他块级元素，也可以包含行内元素，还可以包含文本内容。但也有例外，例如，p、h1、h2、h3、h4、h5、h6 等块级元素一般不包含其他块级元素。

在 HTML 文档中，还经常使用 div 元素来定义分区（division），并在其中包含其他块级元素或行内元素。使用 div 元素，可以把 HTML 文档分割为独立的、不同的部分，每部分用以完成特定的功能。

4.10　结构性元素、表现性元素、表现性属性

HTML 有近百种元素，每种元素及其属性所起的作用各不相同。其中，有些元素属于结构性元素，有些元素则属于表现性元素，此外，也有一些表现性属性。

1. 结构性元素

结构性元素主要用来描述 HTML 文档或网页内容的组成结构。表 4-4 列出了常用的结构性元素及其作用。

表 4-4　常用的结构性元素及其作用

结构性元素	元素的作用
html	定义 HTML 文档
head	定义 HTML 文档的头部
title	定义 HTML 文档的标题

续表

结构性元素	元素的作用
body	定义 HTML 文档的主体
h1、h2、h3、h4、h5、h6	定义 1～6 级标题
p	定义段落
ul、ol、li	定义列表
table、caption、thead、th、tr 和 td	定义表格

2．表现性元素

表现性元素主要用来设定文本内容在 Web 浏览器中的视觉效果。表 4-5 列出了常用的表现性元素及其作用。

表 4-5　常用的表现性元素及其作用

表现性元素	元素的作用	备　　注
s	定义加删除线的文本	已被废弃(不再使用)
strike	定义加删除线的文本	已被废弃(不再使用)
u	定义下划线文本	已被废弃(不再使用)
i	定义斜体文本	用 em 元素替代
em	定义需要强调的文本内容	
b	定义粗体文本	用 strong 元素替代
strong	定义更加需要强调的文本内容	
center	对文本水平居中	已被废弃(不再使用)
font	定义文本的字体、颜色和大小	已被废弃(不再使用)

注意：许多表现性元素已经被废弃。被废弃的表现性元素及其作用已经被样式(Style)所取代。使用样式同样能使元素作用的内容表现出特定的视觉效果。有关样式的相关概念和用法将在第 5 章中介绍。

3．表现性属性

与表现性元素类似,表现性属性可用来设定文本内容在 Web 浏览器中的视觉效果。表 4-6 列出了在一些元素中常用的表现性属性及其作用。

表 4-6　常用的表现性属性及其作用

元　　素	表现性属性	属性的作用	属性值举例
font	face	定义文本的字体	Comic Sans MS、宋体
font	color	定义文本的颜色	Red、Green、Blue
font	size	定义文本的大小	6
table	align	定义表格的水平对齐方式	left、center、right
body、table	bgcolor	定义主体、表格的背景颜色	#DDEEFF、Red
table	border	定义表格边框的宽度	10

续表

元　　素	表现性属性	属性的作用	属性值举例
caption	align	定义表格标题的位置	top、bottom、left、right
img	height	定义图像的高度	
img	width	定义图像的宽度	

注意：同被废弃的表现性元素类似，表现性属性及其作用已经被样式所取代。

4.11　小结

HTML 4.01 规范定义了近 100 种元素，每种元素都起着特定的作用。

元素的属性可以进一步说明或补充元素在 HTML 文档中的作用。

a、img 和 span 等行内元素如果在 HTML 文档中依次出现，则行内元素中的内容在网页的同一行中会从左向右依次排列。而 h1、p 和 div 等块级元素中的内容在网页中会独占一行。

行内元素可以包含内容和其他行内元素，但不能包含块级元素。

块级元素（尤其是 div 元素）可以包含其他块级元素，也可以包含行内元素，还可以包含文本内容。但也有例外，例如，p、h1、h2、h3、h4、h5、h6 等块级元素一般不包含其他块级元素。

在 HTML 中，html、head、title、body、标题、段落、列表和表格等元素属于结构性元素，这些元素主要用来描述 HTML 文档或网页内容的组成结构。

s、strike、u、i、em、b、strong、center 和 font 等元素属于表现性元素，这些元素主要用来设定文本内容在 Web 浏览器中的视觉效果。

face、color、size、align、bgcolor、border、align、height 和 width 等元素属性则属于表现性属性。与表现性元素类似，表现性属性用来设定文本内容在 Web 浏览器中的视觉效果。

在 Web 标准网页中，被废弃的表现性元素和表现性属性以及它们的作用已经被样式所取代。

4.12　习题

1．举例并简述行内元素和块级元素的用途和特性。

2．举例并简述结构性元素、表现性元素和表现性属性的作用。

3．在 a 元素内部使用 img 元素从而在图像上创建超链接。具体方法如下：首先，下载某个知名网站的 logo 图片。然后，在 HTML 文档中创建基于该 logo 图片的、指向该网站的超链接。

第5章 CSS 基础

在设计和制作网页时,不只要先行准备文本、图片等素材,还要考虑这些素材将以何种视觉效果(如文本的字体、颜色、大小和对齐方式等)展示在网页上。而层叠样式表(Cascading Style Sheets,CSS)能够很好地解决这一问题,并提高网页的设计和制作效率。

5.1 网页的内容、结构与表现

通过 Web 浏览器看到的网页,既包括文本、图片等内容,又包含结构和表现。

1. 内容

内容(Content)就是通过网页展示的信息,包含文本或者图片等。其中,文本是网页中最常见的内容。比如,我们想在网页上展示如下一段文本内容。

静夜思　唐.李白

床前明月光,疑是地上霜。举头望明月,低头思故乡。

这是写远客思乡之情的诗,诗以明白如话的语言雕琢出明静醉人的秋夜的意境。它不追求想象的新颖奇特,也摒弃了辞藻的精工华美;它以清新朴素的笔触,抒写了丰富深曲的内容。境是境,情是情,那么逼真,那么动人,百读不厌,耐人寻味。无怪乎有人赞它是"妙绝古今"。

2. 结构

虽然上面一段文本(即内容)已经完整,但还可以对文本内容进行结构化,即将文本内容分解为标题、作者、正文和简析四个部分。

标题 静夜思

作者 唐.李白

正文 床前明月光,疑是地上霜。举头望明月,低头思故乡。

简析 这是写远客思乡之情的诗,诗以明白如话的语言雕琢出明静醉人的秋夜的意境。它不追求想象的新颖奇特,也摒弃了辞藻的精工华美;它以清新朴素的笔触,抒写了丰富深曲的内容。境是境,情是情,那么逼真,那么动人,百读不厌,耐人寻味。无怪乎有人赞它是"妙绝古今"。

类似上面的标题、作者、正文和简析,即是文本内容的结构(Structure)。显然,结构能使文本内容更加具有逻辑性和易读性。

3．表现

虽然对上述文本内容进行了结构化，但在网页上展示这些文本内容时，还可以使用表现性元素和表现性属性对文本内容进行修饰。这样，文本内容就能够以特定的字体、颜色、大小和对齐方式展示在网页上，从而产生特定的视觉效果。文本内容的字体、颜色、大小和对齐方式即是内容在网页上的表现（Presentation）。

【例 5-1】 网页的内容、结构和表现。HTML 代码如下：

```
< html >
  < head >
    <title>内容、结构和表现</title>
  </head >
  < body bgcolor = Silver >
    < h1 align = center >< font color = red >静夜思</font ></h1 >
    < h2 align = center >唐．李白</h2 >
    < p align = center >< strong >< font color = blue >床前明月光,疑是地上霜。< br >
    举头望明月,低头思故乡。</font ></strong ></p >
    < p >【简析】这是写远客思乡之情的诗,诗以明白如话的语言雕琢出明静醉人的秋夜的意境。它
不追求想象的新颖奇特,也摒弃了辞藻的精工华美;它以清新朴素的笔触,抒写了丰富深曲的内容。
境是境,情是情,那么逼真,那么动人,百读不厌,耐人寻味。无怪乎有人赞它是"妙绝古今"。</p >
  </body >
</html >
```

在上述 HTML 代码中，结构性元素 h1 和 h2 分别定义了标题和作者，正文和简析则是使用结构性元素 p 定义的。这样，网页中的文本内容就具有了一定的结构。

此外，在上述 HTML 代码中，body 元素中使用了表现性属性 bgcolor 设置主体的背景颜色；h1 和 h2 元素中使用表现性属性 align 设置标题的居中对齐；p 元素中使用表现性元素 strong 定义粗体文本；h1 和 strong 元素中又使用表现性元素 font 及其表现性属性 color 定义文本的颜色……所有这些，都是"表现"的作用，可以使不同结构（即标题、作者、正文和简析）中的文本内容在网页中表现出特定的视觉效果。图 5-1 为上述 HTML 代码在 IE 浏览器中展示出的视觉效果。

图 5-1 内容、结构和表现

有关网页的内容、结构和表现,可以作如下比喻:内容好比一个模特的整个身体,结构好比将模特的整个身体分解为头部、上肢、躯干、下肢和脚部等各个部位,表现则是头饰、化妆、服装和时尚鞋,将模特打扮得漂漂亮亮。

在例 5-1 HTML 代码中,既包括文本内容,又包含对网页及其内容进行结构化的 html、head、body、h1、h2 和 p 等结构性元素,还包括 strong 和 font 表现性元素以及 bgcolor 和 align 表现性属性。所以,在例 5-1 HTML 代码对应的网页中,既包括内容和结构,又包括表现。

然而,HTML 4.01 规范以及 Web 标准网页更加推荐"内容和结构与表现的分离"——"内容和结构"出现在 HTML 文档中,"表现"的定义则保存在 CSS 文档中。

5.2　HTML 规范及文档类型定义

在 HTML 问世的最初几年中,HTML 的应用非常缺乏规范性。不同 Web 浏览器(如 Netscape Navigator 和 Internet Explorer)使用的 HTML 元素或属性不尽相同。即使使用了相同的元素或属性,但其用法也可能存在较大差异。为了规范 HTML 的应用,W3C 于 1999 年制订了 HTML 4.01 规范(HTML 4.01 Specification)。

在 HTML 4.01 规范中,HTML 文档主要分为严格(Strict)和过渡(Transitional)两种类型。在 Strict 类型的 HTML 文档中,不能使用被淘汰的表现性元素和表现性属性,而应使用样式实现表现。而在 Transitional 类型的 HTML 文档中,还允许使用这些过时的表现性元素和表现性属性。

为了声明 HTML 文档的类型,在 HTML 文档的第一行中需要使用如下代码:

```
<!DOCTYPE HTML PUBLIC "-//W3C//DTD HTML 4.01 Transitional//EN"
    "http://www.w3.org/TR/html4/loose.dtd">
```

该行代码称为文档类型定义(Document Type Definition,DTD),声明 HTML 文档属于 Transitional 类型。

如要声明 Strict 类型的 HTML 文档,则需在 HTML 文档的第一行中使用如下的 DTD 代码:

```
<!DOCTYPE HTML PUBLIC "-//W3C//DTD HTML 4.01//EN"
    "http://www.w3.org/TR/html4/strict.dtd">
```

在 Strict 类型的 HTML 文档中,不能使用如下元素:applet、basefont、center、dir、font、iframe、isindex、iframe、menu、s、strike 和 u。

在 Strict 类型的 HTML 文档中,也不能使用过时的属性。表 5-1 列出了不能在相关元素中使用的部分属性。

表 5-1　**Strict** 类型的文档中不能在相关元素中使用的部分属性

属　性　名	相　关　元　素
align	h1、h2、h3、h4、h5、h6、p、table、caption、tr、th、td 和 img
background	body
bgcolor	body、table、tr、th 和 td

5.2.1 Transitional 类型的 HTML 文档的基本要求

【例 5-2】 将例 5-1 的 HTML 文档改写为 Transitional 类型的 HTML 文档。HTML 代码如下：

```
<!DOCTYPE HTML PUBLIC " - //W3C//DTD HTML 4.01 Transitional//EN"
  "http://www.w3.org/TR/html4/loose.dtd">
<html>
  <head>
    <title>内容、结构和表现</title>
    <meta http - equiv = "content - type" content = "text/html; charset = gb2312">
  </head>
  <body bgcolor = Silver>
    <h1 align = center><font color = red>静夜思</font></h1>
    <h2 align = center>唐.李白</h2>
    <p align = center><strong><font color = blue>床前明月光,疑是地上霜.<br>
举头望明月,低头思故乡.</font></strong></p>
    <p>【简析】这是写远客思乡之情的诗,诗以明白如话的语言雕琢出明静醉人的秋夜的意境。它
不追求想象的新颖奇特,也摒弃了辞藻的精工华美;它以清新朴素的笔触,抒写了丰富深曲的内容。
境是境,情是情,那么逼真,那么动人,百读不厌,耐人寻味。无怪乎有人赞它是"妙绝古今"。</p>
  </body>
</html>
```

Transitional 类型的 HTML 文档的基本要求如下：

(1) 在第 1 行中使用如下代码声明 Transitional 类型的 HTML 文档：

```
<!DOCTYPE HTML PUBLIC " - //W3C//DTD HTML 4.01 Transitional//EN"
  "http://www.w3.org/TR/html4/loose.dtd">
```

(2) html 元素必须包含 head 和 body 两个子元素,head 元素必须包含 title 和 meta 两个子元素。

(3) 在 HTML 文档头部使用 meta 元素将编码方式设置为中文简体,具体使用如下代码：

```
<meta http - equiv = "content - type" content = "text/html; charset = gb2312">
```

该段代码表示,网页的内容类型是 text 或 html 格式,并使用 gb2312 字符集,gb2312 是简体中文编码方式。这样,可以避免在 Web 浏览器中显示乱码。

5.2.2 W3C 标记验证服务

一个语法规范的 HTML 文档即可称为有效的。有效的 HTML 文档易于被 Web 浏览器识别和处理。W3C 网站在线提供 HTML 文档的标记验证服务（Markup Validation Service）。标记验证服务不仅能够验证 HTML 文档是否符合语法规范,而且能够发现 HTML 文档中违反语法规范的代码。

【例 5-3】 使用 W3C 标记验证服务,具体步骤如下。

(1) 上传并验证 HTML 文档。在 IE 浏览器的地址栏中输入如下 URL：http://validator.w3.org/#validate_by_upload,打开 W3C 网站的"Markup Validation Service"网

页。如图 5-2 所示,在该网页的"Validate by File Upload"页面中单击"浏览"按钮,通过打开的"选择文件"对话框在本地计算机中选定需要验证的 HTML 文档。然后,在"Validate by File Upload"页面中单击"Check"按钮,即可将选定的 HTML 文档上传到 W3C 网站并对该 HTML 文档进行规范性验证。

图 5-2　使用 W3C 在线标记验证服务

(2) 根据错误提示修改 HTML 文档。如图 5-3 所示,在上传的 HTML 文档中如果存在不符合语法规范的代码,W3C 标记验证服务会给出相应的错误提示。根据错误提示,可使用 Notepad 软件修改 HTML 文档中的相应代码。

图 5-3　错误提示

(3) 重新上传并验证 HTML 文档。如图 5-4 所示,如果修改后的 HTML 文档不存在违反语法规范的代码,W3C 标记验证服务会给出验证通过提示。

　　注意：W3C 标记验证服务是根据所上传文件中的 DTD 验证 HTML 文档的。只有将正确的 DTD 代码插入 HTML 文档的首行,HTML 文档才有可能通过验证。

图 5-4　验证通过提示

5.2.3　使用 Dreamweaver 验证 HTML 文档的语法规范

与 W3C 标记验证服务类似,使用 Dreamweaver 也可以验证 HTML 文档是否符合语法规范,而且能够发现 HTML 文档中违反语法规范的代码。具体步骤和操作如下:

使用 Dreamweaver 打开 HTML 文档,在菜单栏中选择"文件"|"检查页"|"验证标记"命令,即可验证 HTML 标记及 HTML 文档的语法规范性。

如图 5-5 所示,在 Dreamweaver 窗口下方的"结果"窗格的"验证"选项卡中,将显示验证结果。也可以根据验证结果中的错误提示,修改 HTML 文档中的相应代码。

图 5-5　使用 Dreamweaver 验证 HTML 文档的语法规范性

如图 5-5 所示,在"验证"选项卡左侧的弹出菜单中选择"验证当前文档"命令,也可以验证 HTML 标记及 HTML 文档的语法规范性。

5.3　内部样式表

"内容和结构与表现的分离"是 Web 标准网页设计与制作的主要目标之一。在 Strict 类型的 HTML 文档中,内容在网页中的表现是通过样式(Style)实现的。在 Strict 类型的 HTML 文档头部使用 style 元素定义内部样式表(Internal Style Sheet)是实现样式的方法之一。

一个样式表通常包含多条 CSS 规则(Rule)。每条 CSS 规则主要由两个部分构成:选择器(Selector),以及一个或多个特性声明(Property Declaration)。特性声明之间用分号(;)隔开。定义 CSS 规则的基本语法如下:

selector { property_declaration1; property_declaration2; … }

在一条 CSS 规则中,每个特性声明又由一个特性名称(Property Name)和一个特性值(Property Value)组成,特性名称和特性值用冒号(:)隔开。因此,定义 CSS 规则的基本语法又可以进一步表示如下:

selector { property_name1:property_value1; property_name2:property_value2; … }

在一条 CSS 规则中,选择器用于匹配 HTML 文档中需要进行样式控制的元素。实现样式的选择器又可进一步分为类型选择器、类选择器、ID 选择器、伪类选择器、后代选择器和子元素选择器等。

5.3.1　类型选择器

在样式表的 CSS 规则中,最常见的选择器是类型选择器(Type Selectors),在 Dreamweaver 中又称标签选择器。类型选择器用于匹配需要重新设定样式的 HTML 元素。

例如,如果想将一级标题中文本的水平对齐方式(text-align)设置为居中(center)、同时将文本颜色(color)设置为红色(Red),可以定义如下 CSS 规则:

h1 { text-align:center; color:Red }

其中,h1 是类型选择器,用于匹配 HTML 文档中需要重新设定样式的 h1 元素。text-align 和 color 是特性名称,center 和 red 是对应的特性值。

图 5-6 说明了该条 CSS 规则的结构。

图 5-6　CSS 规则的结构

又如,为了将网页的背景颜色(background-color)设置为银色(Silver),可以定义如下类型选择器:

```
body { background - color:Silver }
```

5.3.2　类选择器

在样式表的 CSS 规则中,还可以使用句号(.)定义类选择器(Class Selectors)。

例如,为了将段落中文本的水平对齐方式设置为居中、将文本颜色设置为蓝色、并且加粗文本,可以首先定义如下类选择器:

```
.zhengwen { text - align:center; color:blue; font - weight:bolder }
```

其中,font-weight 特性用来设置文本的粗细,对应的特性值可以是 lighter、normal、bold 或 bolder,对应的文本将依次从细变粗。

然后,在 HTML 文档主体使用以下代码:

```
< p class = "zhengwen">床前明月光,疑是地上霜。< br >
举头望明月,低头思故乡。</p>
```

即可将段落中文本的水平对齐方式设置为居中、将文本颜色设置为蓝色、并且加粗文本。

【例 5-4】　在 Strict 类型的 HTML 文档中使用内部样式表实现例 5-2 中的表现。HTML 代码如下:

```
<! DOCTYPE HTML PUBLIC " - //W3C//DTD HTML 4.01//EN"
  "http://www.w3.org/TR/html4/strict.dtd">
< html >
  < head >
    < title >内容、结构和表现</title>
    < meta http - equiv = "content - type" content = "text/html; charset = gb2312">
    < style type = "text/css">
      body { background - color:Silver }
      h1 { text - align:center;   color:Red }
      h2 { text - align:center }
      .zhengwen { text - align:center;   color:Blue;   font - weight:bolder }
    </style>
  </head>
  < body >
    < h1 >静夜思</h1 >
    < h2 >唐.李白</h2 >
    < p class = "zhengwen">床前明月光,疑是地上霜。< br >
    举头望明月,低头思故乡。</p>
    < p >【简析】这是写远客思乡之情的诗,诗以明白如话的语言雕琢出明静醉人的秋夜的意境。它
不追求想象的新颖奇特,也摒弃了辞藻的精工华美;它以清新朴素的笔触,抒写了丰富深曲的内容。
境是境,情是情,那么逼真,那么动人,百读不厌,耐人寻味。无怪乎有人赞它是"妙绝古今"。</p>
  </body>
</html>
```

注意：

（1）定义内部样式表，需要在 Strict 类型的 HTML 文档头部使用 style 元素。然后，在 style 元素的开始标签中使用 type 属性，并将 type 属性值设置为 text/css。

（2）在内部样式表中定义了三个类型选择器 body、h1 和 h2，这三个类型选择器分别匹配 HTML 文档中的 body、h1 和 h2 元素。因此，网页的背景颜色"表现"为银色；一级标题中的文本（静夜思）"表现"为水平居中和红色；二级标题中的文本（唐.李白）则"表现"为水平居中。

（3）在内部样式表中还定义了一个类选择器（.zhengwen）；同时，在 HTML 文档主体中，第一个 p 元素的 class 属性值是 zhengwen。因此，第一个 p 元素会应用在类选择器中定义的样式。这样，第一个 p 元素中的文本就将"表现"为水平居中、蓝色和粗体。

（4）在 HTML 文档主体中，第二个 p 元素没有使用 class 属性。因此，第二个 p 元素不会应用在类选择器（.zhengwen）中定义的样式。这样，第二个 p 元素中的文本颜色是默认的黑色。

（5）在 Strict 类型的 HTML 文档中，不能使用表现性元素和表现性属性，只能"通过样式实现内容的表现"。

（6）上述 Strict 类型的 HTML 文档在一定程度上实现了"内容和结构与表现的分离"——"内容和结构"出现在 HTML 文档的主体，"表现"（即内部样式表）则定义在 HTML 文档头部。

5.3.3 ID 选择器

ID 选择器（ID Selectors）的定义和用法与类选择器基本相同，但 ID 选择器及其实现的样式在一个 HTML 文档中只能被一个元素应用一次。而类选择器及其实现的样式在一个 HTML 文档中可以应用于多个元素。因此，ID 选择器的针对性更强。

在样式表的 CSS 规则中，可以使用井号（♯）定义 ID 选择器。

例如，为了将段落中的文本颜色设置为绿色，可以首先在 HTML 文档头部的 style 元素中定义如下 ID 选择器：

```
♯ two { color:Green }
```

然后在 HTML 文档主体使用以下代码：

```
< p id = "two">ID 选择器 2 </p>
```

即可使该 p 元素中的文本（ID 选择器 2）"表现"为绿色。

【例 5-5】 定义和应用 ID 选择器。HTML 代码如下：

```
<! DOCTYPE HTML PUBLIC " - //W3C//DTD HTML 4.01//EN"
  "http://www.w3.org/TR/html4/strict.dtd">
< html >
  < head >
    < title >ID 选择器</title >
    < meta http - equiv = "content - type" content = "text/html; charset = gb2312">
    < style type = "text/css">
```

```
        ♯ one { color:Red }
        ♯ two { color:Green }
    </style>
  </head>
  <body>
    < p id = "one"> ID 选择器 1 </p>
    < p id = "two"> ID 选择器 2 </p>
  </body>
</html>
```

在该 HTML 文档主体,第一个 p 元素的 id 属性值是 one。因此,第一个 p 元素会应用 ID 选择器 ♯ one 中的样式。所以,第一个 p 元素中的文本(ID 选择器 1)会"表现"为红色。

同理,第二个 p 元素中的文本(ID 选择器 2)会"表现"绿色。

注意:

(1) ID 选择器的定义以井号(♯)开头,且 id 名称的第一个字符不能为数字,而建议使用字母。

(2) ID 选择器及其中的样式在一个 HTML 文档中只能被一个元素应用一次。所以,在上述 HTML 文档主体,只能有一个元素的 id 属性值是 one,而其他任何元素的 id 属性值都不能再是 one。

5.3.4 伪类选择器

伪类选择器(Pseudo-Classes Selector)主要应用于 a 元素,用来定义文本超链接的不同状态。a 元素有四个伪类,分别是 link(未被访问的超链接)、visited(已被访问的超链接)、hover(鼠标悬停在超链接上)和 active(被激活的超链接)。

默认情况下,未被访问的文本超链接是蓝色的并且有下划线,已被访问的文本超链接则变为紫色同时带有下划线。但使用伪类选择器可以重新定义动态的文本超链接。这样,在不同状态下,文本超链接可以有更多不同的表现。

【例 5-6】 使用伪类选择器重新定义动态的文本超链接。HTML 代码如下:

```
<!DOCTYPE HTML PUBLIC " - //W3C//DTD HTML 4.01//EN"
  "http://www.w3.org/TR/html4/strict.dtd">
< html >
  < head >
    < title >伪类选择器</title>
    < meta http - equiv = "content - type" content = "text/html; charset = gb2312">
    < style type = "text/css">
      a { text - decoration:none }
      a:link { color:Red }
      a:visited { color:Gray }
      a:hover { color:Green }
      a:active { color:Blue }
    </style>
  </head>
  < body >
    < p >< a href = "http://www.sina.com">创建指向新浪网的超链接</a></p>
  </body>
</html>
```

注意：

（1）在内部样式表中定义伪类选择器时，必须明确指定元素名，而且元素名和伪类之间必须用冒号（:）隔开。

（2）CSS 规则 a｛ text-decoration:none｝表示使文本超链接没有任何修饰，当然也没有下划线。

（3）在 a 元素上定义伪类选择器时，必须遵循 LVHA 的顺序，即 a:link → a:visited → a:hover → a:active 的顺序。否则，文本超链接的鼠标悬停和被激活样式就不起作用了。

5.3.5　选择器分组

如果几个选择器的特性声明相同，则可以在样式表中对选择器分组（Grouping）。这样，可以简化特性声明相同的选择器定义。

例如，有以下三条 CSS 规则：

```
h1 {text - align:center; font - family:sans - serif; color:green }
h2 {text - align:center; font - family:sans - serif; color:green }
h3 {text - align:center; font - family:sans - serif; color:green }
```

其中，类型选择器 h1、h2 和 h3 的特性声明相同。

如果对上述三个类型选择器 h1、h2 和 h3 分组，则可以将上述三条 CSS 规则改写为如下的一条 CSS 规则：

```
h1, h2, h3 { text - align:center; font - family:sans - serif; color:green }
```

由此可见，在几个选择器的特性声明相同时，对选择器分组可以有效简化选择器的定义。

注意： 在定义选择器分组时，选择器之间用逗号（,）隔开。

5.3.6　后代选择器

在样式表中，还可以定义后代选择器（Descendant Selectors）来创建一些 CSS 规则。这些 CSS 规则及其样式能对某些 HTML 元素的后代元素起作用，但对其他 HTML 元素不起作用。

例如，如果希望只对 h1 元素中的 em 元素应用特定样式，则可以创建如下 CSS 规则：

```
h1 em { color:red }
```

该 CSS 规则有两个选择器，一个是 h1，一个是 em。该 CSS 规则及其样式会把作为 h1 元素后代的 em 元素中的文本变为红色，但对其他 em 元素及其中的文本则不起作用。

在后代选择器的定义中，选择器之间的空格是一种结合符（combinator）。空格结合符可以解释为"作为……后代的……"。因此，选择器（h1 em）可以解释为"作为 h1 元素后代的任何 em 元素将应用以下样式……"。

【例 5-7】 后代选择器及其应用示例。HTML 代码如下：

```
<!DOCTYPE HTML PUBLIC " - //W3C//DTD HTML 4.01//EN"
  "http://www.w3.org/TR/html4/strict.dtd">
<html>
```

```
<head>
  <title>后代选择器及其应用示例</title>
  <meta http-equiv="content-type" content="text/html; charset=gb2312">
  <style type="text/css">
    h1 em { color:red }
    .c1 em { color:blue }
  </style>
</head>
<body>
  <h1>This is an <em>important</em> heading.</h1>
  <h1>This is an <strong><em>important</em></strong> heading.</h1>
  <p class="c1">This is an <em>important</em> paragraph.</p>
  <p>This is an <em>important</em> paragraph.</p>
</body>
</html>
```

在该 HTML 文档主体中，第一个和第二个 em 元素都是 h1 元素的后代元素。所以，这两个 em 元素都将应用样式表中的第一条 CSS 规则（h1 em { color:red }），其中的文本（important）都将显示为红色。

第三个 em 元素是“c1”类 p 元素的后代元素。因此，第三个 em 元素将应用样式表中的第二条 CSS 规则（.c1 em { color:blue }），其中的文本（important）将显示为蓝色。

第四个 em 元素只是 p 元素的后代元素。这样，第四个 em 元素不会应用样式表中的任何一条 CSS 规则，其中的文本（important）将显示为默认色，即黑色。

注意：有关后代选择器有一个容易被忽视的情况，即两个元素之间的嵌套可以是多层的。例如，在该 HTML 文档中，虽然第二个 em 元素不是 h1 元素的子元素，但由于第二个 em 元素是 strong 元素的子元素，strong 元素又是 h1 元素的子元素。因此，第二个 em 元素是 h1 元素的后代元素，同样会应用第一条 CSS 规则（h1 em { color:red }）。

5.3.7　子元素选择器

在 CSS 规则中，还可以定义子元素选择器（Child Selectors）。这样，CSS 规则及其中的样式只能对某 HTML 元素的特定子元素起作用，但对与特定子元素同名的其他后代元素则不起作用。子元素选择器的定义使用大于号（>）。

例如，在样式表中定义如下 CSS 规则及子元素选择器：

```
h1 > strong { color:red }
```

其中，h1>strong 即是子元素选择器，表示 h1 元素与 strong 元素是父元素与子元素的关系。

在 HTML 文档主体中有如下代码：

```
<h1>This is <strong>very</strong> important!</h1>
<h1>This is <em>really <strong>very</strong></em> important!</h1>
```

其中，第一行中的 strong 元素是 h1 元素的子元素。所以，第一行中的 strong 元素会应用上述子元素选择器（h1>strong）及其中的样式。因此，在 Web 浏览器中第一行中的 very 会显示为红色。

　　但是,第二行中的 strong 元素只是 h1 元素的后代元素,并不是 h1 元素的子元素。所以,第二行中的 strong 元素不会应用上述子元素选择器(h1>strong)及其中的样式。因此,在 Web 浏览器中第二行中的 very 不会显示为红色。

5.4　常用的样式特性

　　根据 CSS 规则中特性的作用对象及作用方式,可以将样式特性分为类型、背景、区块、方框、边框、列表、定位和扩展等几个大类。这里,首先介绍前 3 类常用的样式特性。

5.4.1　类型特性

　　类型特性用来对网页中文本的字体(font-family)、大小(font-size)、粗细(font-weight)、样式(font-style)、行高(line-height)、修饰(text-decoration)和颜色(color)等特性进行设置。

1. 字体(font-family)

　　该特性用于设置文本的字体系列。CSS 2.1 定义了 Serif、Sans-serif、Cursive、Fantasy 和 Monospace 等 5 种通用字体系列。每种字体系列又包含若干字体。例如,Serif 字体系列包括 Times、Georgia 和 New Century Schoolbook 等字体。

　　假设样式表中有如下 CSS 规则:h1 { font-family:Georgia },则该 CSS 规则为所有 h1 元素设置了 Georgia 字体。但如果 Web 浏览器上没有安装 Georgia 字体,Web 浏览器就只能使用默认字体来显示 h1 元素中的文本。

　　又假设样式表中有如下 CSS 规则:h1 { font-family:Georgia,Serif }。如果 Web 浏览器没有安装 Georgia 字体,但安装了 Times 字体(Serif 字体系列中的一种字体),Web 浏览器就能够对 h1 元素中的文本应用 Times 字体。

2. 大小(font-size)

　　该特性用于设置文本的字体大小。font-size 特性值通常是以 px(像素)和 em(字体高度)为单位的相对值。其中,em 是相对于当前文本大小的宽度单位(即 font-size 值),如果当前的 font-size 特性值为 16px,则 1em=16px。

3. 粗细(font-weight)

　　该特性用于设置文本的字体粗细。font-weight 特性值可以是 lighter、normal、bold 或 bolder,这些特性值将使文本的字体依次由细变粗。

4. 字体样式(font-style)

　　该特性用于设置文本的字体样式。font-style 特性值可以是 normal(正常)、italic(斜体)或 oblique(倾斜)。

5．行高（line-height）

该特性用于设置文本所在行的行高。该特性作用于一个块级元素时，定义了该元素中基线之间的最小距离。line-height 特性值通常并应该大于 font-size 特性值。line-height 与 font-size 的特性值之差一分为二，分别加到一个文本行内容的顶部和底部。

line-height 特性值通常是一个百分数，表示基于当前字体高度的相对值。例如，line-height：140％ 表示行高是当前字体高度的 1.4 倍。此时，文本内容距离上、下基线的顶部空间和底部空间均是当前字体高度的 0.2 倍。

6．修饰（text-decoration）

使用该特性，可以对文本添加下划线（underline）、上划线（overline）、删除线（line-through），或使文本闪烁（blink），也可以不加任何修饰（none）。

7．颜色（color）

该特性用于设置文本的颜色。

color 特性值可以是预先定义的颜色名称。例如 red（红）、yellow（黄）、blue（蓝）、silver（银）、teal（深青）、white（白）、navy（深蓝）、orchid（淡紫）、olive（橄榄）、purple（紫）、gray（灰）、green（绿）、lime（浅绿）、maroon（褐）、aqua（水绿）和 fuchsia（紫红）。

计算机显示器的成色原理是由红（red）、绿（green）、蓝（blue）三色光的叠加形成各种各样的颜色。因此，color 特性值也可以是 rgb 代码。例如 rgb(255,0,0)对应红色，rgb(0,255,0)对应绿色，rgb(0,0,255)对应蓝色。

color 特性值还可以是一个三位或六位的十六进制数。例如，♯f00 和 ♯ff0000 对应红色，♯0f0 和 ♯00ff00 对应绿色，♯00f 和 ♯0000ff 对应蓝色。

5.4.2　背景特性

背景特性主要作用于 body、table 和 div 等结构性和块级元素。常用的背景特性有背景颜色（background-color）和背景图像（background-image）。

1．背景颜色（background-color）

该特性用于设置元素的背景颜色。与 color 特性值类似，background-color 特性值可以是预先定义的颜色名称，也可以是 rgb 代码，还可以是一个三位或六位的十六进制数。此外，background-color 特性的默认值是 transparent，表示背景是透明的。

2．背景图像（background-image）

该特性用于设置元素的背景图像。background-image 特性值是一个指向图像的路径及文件名的 URL。例如，body { background-image：url("../images/bkImage.jpg") }表示，将当前文档所在文件夹的上一级文件夹的下一级文件夹 images 中的图像文件 bkImage.jpg 设置为主体的背景图像。

3. 背景图像重复（background-repeat）

该特性用于设置是否及如何重复背景图像。该特性的默认值是 repeat，表示背景图像将在水平方向和垂直方向重复。该特性的其他取值及含义如下：repeat-x 表示背景图像将在水平方向重复；repeat-y 表示背景图像将在垂直方向重复；no-repeat 表示背景图像仅显示一次。

5.4.3　区块特性

区块特性用来对文本中的单词间距（word-spacing）、字符间距（letter-spacing）、垂直对齐（vertical-align）、文本对齐（text-align）、文本缩进（text-indent）和显示（display）等特性进行设置。

1. 单词间距（word-spacing）

该特性用于设置单词之间的间隔。word-spacing 特性值通常是表示固定宽度的绝对值，例如 16px、1em 和 2cm。

2. 字符间距（letter-spacing）

该特性用于设置字符或字母之间的间隔。letter-spacing 特性值也通常是表示固定宽度的绝对值，例如 16px、1em 和 2cm。

3. 垂直对齐（vertical-align）

该特性用于设置文本的垂直对齐方式。vertical-align 特性值可以是 sub（下标）、super（上标）、top（顶端对齐）、middle（垂直居中）或 bottom（底端对齐）。

4. 文本对齐（text-align）

该特性用于设置文本的水平对齐方式。text-align 特性值可以是 left（左对齐）、right（右对齐）、center（水平居中）或 justify（两端对齐）。

5. 文本缩进（text-indent）

该特性用于设置段落的首行缩进。text-indent 特性值通常是表示固定缩进宽度的绝对值，例如 16px、1em 和 2cm。

6. 显示（display）

该特性用于设置是否显示元素以及如何显示元素。display 特性值可以是 inline、block 或 none。其中，inline 是默认值，表示将元素显示为行内元素，行内元素的前后没有换行；block 表示将元素显示为块级元素，块级元素的前后带有换行；none 表示不显示元素。

5.5　行内样式

在 HTML 元素的开始标签中使用 style 属性,可以定义行内样式(Inline Style),又称内联样式。例如:

```
<h1 style = "text - align:center; color:red; letter - spacing:1em">静夜思</h1>
```

这样,h1 元素中的内容"静夜思"在网页中的"表现"如下:水平对齐、红色、字符间隔为一个字符的宽度。

【例 5-8】　使用行内样式改写例 5-4。HTML 代码如下:

```
<!DOCTYPE HTML PUBLIC " - //W3C//DTD HTML 4.01//EN"
  "http://www.w3.org/TR/html4/strict.dtd">
<html>
  <head>
    <title>行内样式</title>
    <meta http - equiv = "content - type" content = "text/html; charset = gb2312">
  </head>
  <body style = "background - color:Silver">
    <h1 style = "text - align:center;　color:Red;　letter - spacing:1em">静夜思</h1>
    <h2 style = "text - align:center">唐.李白</h2>
    <p style = "text - align:center;　color:Blue;　font - weight:bolder">
    床前明月光,疑是地上霜.<br>
    举头望明月,低头思故乡.</p>
    <p>【简析】这是写远客思乡之情的诗,诗以明白如话的语言雕琢出明静醉人的秋夜的意境。它
不追求想象的新颖奇特,也摒弃了辞藻的精工华美;它以清新朴素的笔触,抒写了丰富深曲的内容。
境是境,情是情,那么逼真,那么动人,百读不厌,耐人寻味。无怪乎有人赞它是"妙绝古今"。</p>
  </body>
</html>
```

注意:行内样式直接定义并作用在单个的 HTML 元素上。

5.6　外部样式表及其应用

虽然在 HTML 文档中可以使用内部样式表或行内样式,但更有效、更规范的方法是将样式表定义并保存在单独的 CSS 文档中。定义并保存在 CSS 文档中的样式表,称为外部样式表(External Style Sheet)。

外部样式表堪称 Web 网页设计领域的一个重大突破。使用外部样式表,网站开发者和网页设计者能够为每个 HTML 元素定义样式,并将样式灵活地应用于任意多的页面中。如需对网页色彩或文本字体进行统一的调整,只需修改 CSS 文档中的 CSS 规则及其样式,网站内多个页面的设计风格就会同时自动更新。换言之,通过在 CSS 文档中定义和修改样式表,外部样式表能够同时控制网站内多个页面的外观和布局。

5.6.1　创建外部样式表

外部样式表可以直接在文本编辑软件(如 Notepad)中进行创建和修改,并保存在 CSS

文档中。CSS 文档是扩展名为 css 的文本文件。在 CSS 文档中，只包含定义样式的 CSS 规则。

5.6.2　W3C 在线 CSS 验证服务

W3C 网站不仅在线提供 HTML 文档的标记验证服务，而且在线提供 CSS 验证服务（CSS Validation Service）。标记验证服务不仅能够验证 HTML 文档是否符合语法规范，而且能够发现 HTML 文档中违反语法规范的代码。类似地，CSS 验证服务不仅能够验证 CSS 文档是否符合语法规范，而且能够发现 CSS 文档中违反语法规范的代码。

5.6.3　在 HTML 文档中链接外部样式表

在 HTML 文档头部，可以使用 link 元素链接 CSS 文档及其中的样式表。link 元素的具体用法如下：

```
<link rel="stylesheet" type="text/css" href="CSS 文档路径及文件名">
```

这样，Web 浏览器会从 CSS 文档中读取 CSS 规则，并根据 CSS 规则中的选择器匹配 HTML 文档中的元素，进而对 HTML 元素所作用的内容应用相应的样式。

【例 5-9】　使用外部样式表改写例 5-4。具体步骤如下。

（1）在 CSS 文档中创建外部样式表。使用 Notepad 软件编辑如下代码，并将这些代码保存在 CSS 文档（5-9.css）中。

```
body { background-color:Silver }
h1 { text-align:center;  color:Red;  letter-spacing:1em }
h2 { text-align:center }
.zhengwen { text-align:center;  color:Blue;  font-weight:bolder }
```

（2）验证 CSS 文档的规范性。在 IE 浏览器的地址栏中输入如下 URL：http://jigsaw.w3.org/css-validator/#validate_by_upload，可以打开 W3C 网站的"CSS 验证服务"网页。如图 5-7 所示，在"CSS 验证服务"网页的"通过文件上传"页面中单击"浏览"按钮，通过打开的"选择文件"对话框在本地计算机中选定需要验证的 CSS 文档（5-9.css）。然后，在"通过文件上传"页面中单击"Check"按钮，即可将选定的 CSS 文档上传到 W3C 网站并对该 CSS 文档进行规范性验证。

如果在上传的 CSS 文档中存在不符合语法规范的代码，CSS 验证服务会给出相应的错误提示。根据错误提示，使用 Notepad 软件修改 CSS 文档中的相应代码。然后，重新上传并验证 CSS 文档。直至 CSS 文档不存在违反语法规范的代码，CSS 验证服务会给出验证通过提示。

（3）在 HTML 文档头部使用 link 元素链接外部样式表。使用 Notepad 软件编辑如下代码，并将这些代码保存在 HTML 文档（5-9.htm）中。

```
<!DOCTYPE HTML PUBLIC "-//W3C//DTD HTML 4.01//EN"
  "http://www.w3.org/TR/html4/strict.dtd">
<html>
  <head>
    <title>内容和结构</title>
```

```
    <meta http-equiv = "content-type" content = "text/html; charset = gb2312">
    <link rel = "stylesheet" type = "text/css" href = "5-9.css">
  </head>
  <body>
    <h1>静夜思</h1>
    <h2>唐.李白</h2>
    <p class = "zhengwen">床前明月光,疑是地上霜。<br>
    举头望明月,低头思故乡。</p>
```
<p>【简析】这是写远客思乡之情的诗,诗以明白如话的语言雕琢出明静醉人的秋夜的意境。它不追求想象的新颖奇特,也摒弃了辞藻的精工华美;它以清新朴素的笔触,抒写了丰富深曲的内容。境是境,情是情,那么逼真,那么动人,百读不厌,耐人寻味。无怪乎有人赞它是"妙绝古今"。</p>
```
  </body>
</html>
```

图 5-7　使用 W3C 在线 CSS 验证服务

注意:

(1) 使用外部样式表,可以完美地实现"内容和结构与表现的分离"——所有的样式及 CSS 规则都定义并保存在 CSS 文档(5-9.css)中。因此,在 CSS 文档中只有"表现"。而在 HTML 文档(5-9.htm)中只有"内容和结构",并没有定义任何样式及 CSS 规则。

(2) 为了在 HTML 文档(5-9.htm)中使用 CSS 文档(5-9.css)中定义的样式及 CSS 规则,需要在 HTML 文档(5-9.htm)头部使用 link 元素链接 CSS 文档(5-9.css)。这样,Web 浏览器即可将 HTML 文档(5-9.htm)中的元素与 CSS 文档(5-9.css)的 CSS 规则中的选择器相匹配,进而允许 HTML 文档中的元素应用 CSS 文档中对应的样式。

5.6.4　在 HTML 文档中嵌入外部样式表

在 HTML 文档头部的 style 元素中,也可以使用 import 语句嵌入外部样式表。import 语句的具体用法如下:

```
  <head>
    …………
```

```
< style type = "text/css">
   @ import url("CSS 文档路径及文件名称");
   或者
   @ import "CSS 文档路径及文件名称";
</style>
… …
</head>
```

注意：

（1）import 语句前后的"@"和"；"是必须的，不能省略或遗漏。

（2）在 style 元素内，import 语句必须放在第一行，即必须在任何 CSS 规则和注释行的前面。

5.7 层叠样式表

层叠样式表（Cascading Style Sheets，CSS）是用于控制网页样式、实现"内容和结构与表现的分离"的一种方法和技术。HTML 文档与 CSS 文档的关系就是"内容和结构"与"表现"的关系——由 HTML 文档组织网页的内容和结构，而通过 CSS 文档控制网页内容和结构在 Web 浏览器中的表现。

在 Web 标准网页的设计与制作中，能够通过样式"表现"网页中的"内容和结构"。换言之，样式定义在网页中如何显示文本、图像等内容。

在 CSS 方法和技术中，能够以三种方式定义或应用样式。

（1）在 HTML 元素的开始标签中使用 style 属性可以定义和应用行内样式。

（2）在 HTML 文档头部使用 style 元素可以集中定义内部样式表。

（3）在 CSS 文档中单独定义外部样式表。

层叠性和继承性是 CSS 的两大特性。

5.7.1 CSS 的层叠性

就 CSS 而言，层叠是指多个选择器的作用范围发生了叠加。层叠性（Cascading）是指当有多个选择器作用于同一 HTML 元素时，Web 浏览器如何处理通过选择器定义的样式。

（1）如果多个通过选择器定义的样式未发生冲突，则 HTML 元素将应用所有相匹配的通过选择器定义的样式。

【例 5-10】 CSS 规则及其样式未发生冲突时的 CSS 层叠性。HTML 代码如下：

```
<!DOCTYPE HTML PUBLIC " - //W3C//DTD HTML 4.01//EN"
   "http://www.w3.org/TR/html4/strict.dtd">
< html >
  < head >
    < title>CSS 的层叠性：CSS 规则及其样式未发生冲突</title>
    < meta http - equiv = "content - type" content = "text/html; charset = gb2312">
    < style type = "text/css">
      p { color:red }
      .c1 { font - weight:bolder }
```

```
        # i1 { text - decoration:underline }
      </style>
    </head>
    <body>
      <p>p元素将应用通过类型选择器定义的样式——p{color:red}</p>
      <p class = "c1">p元素将应用通过类型选择器和类选择器定义的样式 ——p{color:red}和.c1
{font - weight:bolder}</p>
        <p id = "i1" class = "c1">p元素将应用通过类型选择器、ID选择器和类选择器定义的样式——
p{color:red}、# i1{text - decoration:underline}和.c1{font - weight:bolder}</p>
      </body>
    </html>
```

在以上 HTML 文档头部,定义了类型选择器、类选择器和 ID 选择器及对应的三条
CSS 规则,在这三条 CSS 规则中分别定义了 color、font-weight 和 text-decoration 三个未冲
突的样式特性。

在 HTML 文档主体,三个 p 元素都与类型选择器(p)匹配。所以,三个 p 元素中的文
本颜色均为红色。第二个和第三个 p 元素还与类选择器(.c1)匹配。所以,第二个和第三个
p 元素中的文本还"表现"为特粗(bolder)。第三个 p 元素则与类型选择器(p)、ID 选择器
(# i1)和类选择器(.c1)都匹配。所以,第三个 p 元素中的文本既为红色,又带下划线
(underline),并且"表现"为特粗(bolder)。

(2) 如果多个通过选择器定义的样式发生冲突,则 HTML 元素将根据选择器的优先级
应用某些通过选择器定义的样式。CSS 规范约定,不同样式的优先级从高到低依次为: 行
内样式→通过 ID 选择器定义的样式→通过类选择器定义的样式→通过类型选择器定义的
样式。

【例 5-11】 CSS 规则及其样式发生冲突时的 CSS 层叠性。HTML 代码如下:

```
<! DOCTYPE HTML PUBLIC " - //W3C//DTD HTML 4.01//EN"
    "http://www.w3.org/TR/html4/strict.dtd">
<html>
  <head>
    <title>CSS 的层叠性: CSS 规则及其样式发生冲突</title>
    <meta http - equiv = "content - type" content = "text/html; charset = gb2312">
    <style type = "text/css">
      p { font - style:italic;   color:red }
      .c_green { color:green }
      # i_blue { color:blue }
      # i_olive { color:olive }
    </style>
  </head>
  <body>
    <p>p元素应用通过类型选择器定义的样式——p{font - style:italic; color:red}</p>
    <p class = "c_green">p元素应用通过类型选择器和类选择器定义的样式——p{font - style:
italic}、.c_green{color:green}</p>
    <p id = "i_blue" class = "c_green">p元素应用通过类型选择器和ID选择器定义的样式——p
{font - style:italic}、# i_blue{color:blue}</p>
    <p style = "color:purple" id = "i_olive">p元素应用通过类型选择器定义的样式以及行内样
式——p{font - style:italic}、style = "color:purple"(行内样式)</p>
```

```
      </body>
    </html>
```

在以上 HTML 文档头部的内部样式表中,定义了一个类型选择器(p)、一个类选择器(.c_green)和两个 ID 选择器(♯i_blue 和♯i_olive)以及对应的四条 CSS 规则。

样式特性 font-style 只在类型选择器(p)中定义。所以,HTML 文档主体中每个 p 元素中的文本内容均"表现"为斜体(italic)。

四个选择器均定义了样式特性 color。因此,HTML 元素在应用样式特性 color 时可能发生冲突。

在 HTML 文档主体中,第一个 p 元素只与类型选择器(p)匹配。所以,第一个 p 元素中的文本内容显示为红色。

第二个 p 元素与类型选择器(p)和类选择器(.c_green)匹配,但类选择器(.c_green)的优先级较高。所以,第二个 p 元素中的文本内容显示为绿色。

第三个 p 元素与类型选择器(p)、ID 选择器(♯i_blue)和类选择器(.c_green)匹配,但 ID 选择器(♯i_blue)的优先级最高。所以,第三个 p 元素中的文本内容显示为蓝色。

第四个 p 元素与类型选择器(p)和 ID 选择器(i_olive)匹配,并且使用了行内样式(style="color:purple"),而行内样式(style="color:purple")的优先级最高。所以,第四个 p 元素中的文本内容显示为紫色。

5.7.2　CSS 的继承性

CSS 的继承性(Inheritance)依赖于 HTML 元素之间的祖先—后代关系。CSS 的继承性使得样式不仅可以应用于某个 HTML 元素,而且允许样式应用于该 HTML 元素的后代元素,除非在优先级更高的选择器出现相冲突的样式。

【例 5-12】　CSS 的继承性。HTML 代码如下:

```
<!DOCTYPE HTML PUBLIC " - //W3C//DTD HTML 4.01//EN"
  "http://www.w3.org/TR/html4/strict.dtd">
<html>
  <head>
    <title>CSS 的继承性</title>
    <meta http - equiv = "content - type" content = "text/html; charset = gb2312">
    <style type = "text/css">
      body { color:red }
      .c1 { color:green;   text - decoration:underline }
    </style>
  </head>
  <body>
    <p>第一个 p 元素继承了 body 元素的样式特性(color:red)<br>
      <em>第一个 em 元素也继承了 body 元素的样式特性(color:red)</em>
    </p>
    <p class = "c1">第二个 p 元素应用了通过类选择器(.c1)定义的样式(color:green; text - decoration:underline)<br>
      <em>第二个 em 元素继承了第二个 p 元素的样式,即通过类选择器(.c1)定义的样式(color:green;text - decoration:underline)</em>
    </p>
```

```
</body>
</html>
```

在以上 HTML 文档头部的内部样式表中,定义了一个类型选择器(body)和一个类选择器(.c1),并且通过这两个选择器都定义了 color 样式特性。

在 HTML 文档中,body 元素与内部样式表中的类型选择器(body)匹配。因此,body 元素将应用通过类型选择器(body)定义的样式(color:red)。

在 HTML 文档中,body 元素是第一个 p 元素的父元素,第一个 p 元素又是第一个 em 元素的父元素。因此,第一个 p 元素和第一个 em 元素都是 body 元素的后代元素,并且将继承 body 元素的样式,即通过类型选择器(body)定义的样式(color:red)。所以,第一个 p 元素和第一个 em 元素中的文本内容显示为红色。此外,第一个 em 元素中的文本内容还"表现"为斜体。

第二个 p 元素也是 body 元素的子元素。因此,第二个 p 元素会继承 body 元素的样式(color:red)。同时,第二个 p 元素也与类选择器(.c1)匹配。但由于类选择器的优先级高于类型选择器,所以,第二个 p 元素将应用通过类选择器(.c1)定义的样式(color:green 和 text-decoration:underline)。这样,第二个 p 元素中的文本内容也显示为绿色,并且带有下划线。

第二个 em 元素是第二个 p 元素的子元素。因此,第二个 em 元素会继承第二个 p 元素的样式,即通过类选择器(.c1)定义的样式(color:green; text-decoration:underline)。所以,第二个 em 元素中的文本内容也显示为绿色,并且带有下划线。此外,第二个 em 元素中的文本内容还"表现"为斜体。

注意:并不是所有的样式特性都具有继承性。一般而言,color、font-X、text-indent、text-align、text-decoration、line-height、letter-spacing 等类型和区块样式大都具有继承性,而 text-decoration:none、背景及其他一些样式特性则不具有继承性。

5.8 小结

"内容和结构与表现的分离"是 Web 标准网页设计与制作的主要目标之一。通常情况下,"内容和结构"出现在 HTML 文档中,"表现"的定义则保存在 CSS 文档中。

在 HTML 4.01 规范中,HTML 文档分为严格(Strict)和过渡(Transitional)两种类型。在 Strict 类型的 HTML 文档中,不能使用被淘汰的表现性元素和表现性属性,而应使用样式实现表现。而在 Transitional 类型的 HTML 文档中,还允许使用这些过时的表现性元素和表现性属性。

一个 HTML 文档应该遵循规定的语法规范。使用 W3C 在线提供的标记验证服务(Markup Validation Service),或者 Dreamweaver 提供的文档验证功能,可以验证 HTML 文档的语法规范性。

在 CSS 方法和技术中,能够以行内样式、内部样式表或外部样式表三种方式之一定义或应用样式。

一个样式表通常包含多条 CSS 规则(Rule)。每条 CSS 规则由选择器和一个或多个特性声明构成。

实现样式的选择器可以分为类型选择器、类选择器、ID 选择器、伪类选择器、后代选择器和子元素选择器等。

在一个 HTML 文档中 ID 选择器及其实现的样式只能被一个元素应用一次,而类选择器及其实现的样式可以应用于多个元素。

层叠性和继承性是 CSS 的两大特性。

如果多个通过选择器定义的样式发生冲突,则 HTML 元素将按照"行内样式→通过 ID 选择器定义的样式→通过类选择器定义的样式→通过类型选择器定义的样式"优先级顺序应用相应的样式。

CSS 的继承性使得样式不仅可以应用于某个 HTML 元素,而且允许样式应用于该 HTML 元素的后代元素,除非出现优先级更高的选择器及其样式。

W3C 网站在线提供的 CSS 验证服务不仅能够验证 CSS 文档是否符合语法规范,而且能够发现 CSS 文档中违反语法规范的代码。

5.9　习题

1. 在例 5-2 的 HTML 文档中,仅将文档类型定义改写为 HTML 4.01 Strict 文档类型的定义。然后,使用 W3C 标记验证服务检查改写后的 HTML 文档的语法规范性。

2. 将例 5-5 中 HTML 文档主体中的代码做如下修改:

```
< body >
    < p id = "one"> ID 选择器 1 </p>
    < p id = "two"> ID 选择器 2 </p>
    < p id = "two"> ID 选择器 3 </p>
</body>
```

然后,使用 W3C 标记验证服务检查 HTML 文档是否规范。

3. 在例 5-6 的基础上,验证 a 元素伪类选择器的 LVHA 原则,即在 a 元素上定义伪类选择器时,必须遵循 LVHA 的顺序,即 a:link → a:visited → a:hover → a:active 的顺序。否则,文本超链接的鼠标悬停和被激活样式就不起作用了。

4. 改写例 5-9 中 HTML 文档头部中的代码,在 style 元素内使用import 语句嵌入外部样式表。

第6章

可扩展超文本标记语言

可扩展超文本标记语言(eXtensible HyperText Markup Language,XHTML)是一种新兴的网页设计和制作语言。XHTML 是在 HTML 基础上发展起来的,同时吸取了可扩展标记语言(eXtensible Markup Language,XML)的语法严谨的优点。因此,XHTML 比 HTML 具有更加严谨的语法,能够为众多品牌的 Web 浏览器研发提供规范的技术标准,XHTML 的可扩展性和灵活性将适应未来网络应用的更多需求。

6.1 XHTML 的形成背景

6.1.1 缺乏语法规范性的 HTML 文档

实际上,万维网中的许多页面都是规范性很差、语法很不严谨的 HTML 文档,但仍然可以用 Web 浏览器打开。

【例 6-1】 规范性很差、语法很不严谨的 HTML 文档,HTML 代码如下:

```
<!DOCTYPE HTML PUBLIC " - //W3C//DTD HTML 4.01//EN"
    "http://www.w3.org/TR/html4/strict.dtd">
<html>
  <head>
    <title>This is bad HTML</title>
    <meta http - equiv = "content - type" content = "text/html; charset = gb2312">
  <body>
    <p>Bad HTML
  </body>
```

在上述 HTML 代码中,html、head 和 p 元素都没有相应的结束标签,在语法上缺乏严谨性,但仍然可以用 IE 浏览器打开,甚至能够通过 W3C 标记验证服务的语法检查。

另一方面,现今的软件市场上存在着不同厂商提供的 Web 浏览器。国外流行的 Web 浏览器有 Microsoft Internet Explorer、Mozilla Firefox 和 Google Chrome 等,国内有搜狗、腾讯 Tencent Traveler、遨游 Maxthon、世界之窗 Theworld 和 360 安全浏览器等。如果设计和制作网页的语言缺乏必要的规范、语法不严谨,运行在计算机上的不同 Web 浏览器将难以支持万维网中数以亿计的网页。反之,如果使用统一规范的网页设计和制作语言,使得 HTML 文档都具有规范和良好的结构,Web 浏览器与网页之间的适配性将得到大大增强。

6.1.2　XHTML 的面世

为了规范网页设计和制作语言,W3C 于 2000 年推出了 XHTML。

目前,较流行的 XHTML 1.0 版本有以下三种。

(1) XHTML 1.0 Strict(严格版)。严格版是根据 HTML 4.01 Strict 改编的。与 HTML 4.01 Strict 一样,在 XHTML 1.0 Strict 中不能使用表现性元素或属性,例如 center、font、s、strike 和 u 等元素以及 align、background 和 bgcolor 等属性。

(2) XHTML 1.0 Transitional(过渡版)。过渡版是根据 HTML 4.01 Transitional 改编的。与 HTML 4.01 Transitional 一样,可以使用一些在 Strict 版本中禁用的表现性元素或属性。

(3) XHTML 1.0 Frameset(框架版)。框架版是根据 HTML 4.01 Frameset 改编的,允许在网页中定义框架。

在上述三种 XHTML 1.0 版本中,XHTML 1.0 Transitional 规定了 XHTML 的基本语法。XHTML 1.0 Strict 不仅遵循 XHTML 的基本语法规定,而且不允许使用表现性元素或属性。在 XHTML 1.0 Transitional 和 Strict 的基础上,XHTML 1.0 Frameset 允许在网页中定义框架。

总之,XHTML 是一种增强型的 HTML,是语法更严谨、元素更纯净的 HTML 版本,XHTML 有助于编写良构(Well-structured)的 HTML 文档,这些 HTML 文档可以很好地工作于 IE、Firefox 和 Chrome 等各种品牌的 Web 浏览器,并且能够向后兼容。此外,XHTML 还具有良好的可扩展性和灵活性,不仅支持台式计算机和便携式电脑,而且支持 iPad、iPhone 等手持移动通信设备,能够适应未来网络应用的更多需求。

6.2　XHTML 的语法规定

HTML 的语法比较松散,网页设计和制作者使用起来比较方便。但对 Web 浏览器来说,网页设计语言的语法越松散,处理起来却越困难。因此,W3C 在制定 XHTML 规范时,要求编写 HTML 文档时必须遵循更加严格和规范的语法。

(1) 必须关闭打开的标签。

在 HTML 中,允许某些非空元素只有开始标签,而可以没有结束标签。例如,li 元素的开始标签<li>可以不用结束标签</li>来关闭,但这在 XHTML 中是不允许的。XHTML 规定,必须关闭打开的标签,换言之,开始标签必须有相应的结束标签。

对于 br 和 img 等空元素(即没有结束标签的元素),需要在开始标签中的元素名后面使用"/"来关闭。例如,
必须写为
,<img…>必须写为<img…/>。

(2) 元素名和属性名都必须小写。

在 HTML 中,标签中的元素名和属性名可以小写,也可以大写。但与 HTML 不同,XHTML 是大小写敏感的(Case Sensitive),元素名和属性名必须小写,并且不允许大小写夹杂。例如,在 HTML 中允许<HTML>、<TITLE>,但在 XHTML 只允许<html>、<title>。

（3）元素以及标签之间都必须正确嵌套。

XHTML 规定，如果在关闭一个标签之前又打开另一个新标签，则必须首先关闭新标签，然后才能关闭前一个标签。换言之，关闭后打开的标签之后，才能关闭先打开的标签。

例如，在 XHTML 中，不允许＜p＞Here is an emphasized＜em＞keyword.＜/p＞＜/em＞，只允许 ＜p＞Here is an emphasized ＜em＞keyword.＜/em＞＜/p＞。这样，p元素才能正确嵌套 em 元素。

正确嵌套元素以及标签，可以形成良构的 HTML 文档。

（4）元素的属性值必须用双引号("")括起来。

在 HTML 中，当属性值是数字时，可以不用引号；但是在 XHTML 中，所有的属性值（包括数字）必须用双引号括起来。

例如，在 HTML 中，允许＜table bgcolor＝♯DDEEFF border＝10＞；但是在 XHTML中，只允许＜table bgcolor＝"♯DDEEFF" border＝"10"＞。

（5）不能在注释内容中使用"--"。

"--"只能出现在 XHTML 注释的开头和结束，而在注释内容中不能再使用"--"。例如，在 XHTML 中，下面的代码是无效的：

```
<! -- 这里是注释 ----------- 这里是注释 -->
```

（6）图像标签必须有说明文字。

在 XHTML 中，每个图像标签都必须使用 alt 属性添加说明文字。例如，在 XHTML中，以下代码是有效的：

```
< img src = "ball.jpg" alt = "large red ball" title = "large red ball"/>
```

注意：为了兼容 Firefox 浏览器和 IE 浏览器，对于图像标签，尽量采用 alt 和 title 双标签！

（7）用 id 属性替代 name 属性。

例如，在 XHTML 中，不允许＜img src＝"picture. gif" name＝"picture1"/＞，只允许＜img src＝"picture. gif" id＝"picture1"/＞。

注意：为了使 HTML 文档兼容低版本的 Web 浏览器，可以同时使用 name 和 id 属性，并使这两个属性的值相同。例如，＜img src＝"picture. gif" id＝"picture1" name＝"picture1"/＞。

（8）必须给每个属性赋一个值，且不能省略属性值。

在 XHTML 中，每个属性都必须有一个值，没有值的就重复本身。例如：

```
< input type = "checkbox" name = "shirt" value = "medium" checked >
```

必须修改为：

```
< input type = "checkbox" name = "shirt" value = "medium" checked = "checked">
```

遵循上述 XHTML 语法规定的 HTML 文档称为良构的 HTML 文档。设计和制作网页时如果遵循上述 XHTML 语法规定，HTML 文档就能够被大部分常见的 Web 浏览器正确并快速地编译。在以上语法规定中，有的看上去比较奇怪，但这一切都是为了使网页设计语言有一个统一和唯一的标准，以便使用各种 Web 浏览器都能正常地打开 HTML 文档并流畅地显示网页。

由此可见，从 HTML 过渡到 XHTML，最大的变化在于 HTML 文档必须是良构的。

此外，在 Strict 类型的 XHTML 文档主体，还必须遵循以下语法规范。

（1）文本内容不能直接出现在主体中。

例如，以下代码的语法是不规范的：

```
<body>Hello, World!</body>
```

因为文本内容"Hello，World!"直接出现在 body 元素中。

在 Strict 类型的 XHTML 文档主体，文本内容必须出现在 p、ul、h1、h2、h3、h4、h5 或 h6 等块级元素内，或者出现在这些块级元素的子元素内。

按照本条语法规则，以下代码的语法则是规范的：

```
<body><p>Hello, World!</p></body>
```

或者

```
<body><p><em>Hello, World!</em></p></body>
```

（2）行内元素必须嵌套在块级元素中。

例如，以下代码的语法是不规范的：

```
<body><em>Hello, World!</em></body>
```

因为行内元素 em 直接出现在 body 元素中。

在 Strict 类型的 XHTML 文档中，a、em、img、strong 等行内元素必须嵌套在 p、h1、h2、h3、h4、h5 或 h6 等块级元素内，而不能直接出现在 body 元素内。

按照本条语法规则，以下代码的语法则是规范的：

```
<body><p><em>Hello, World!</em></p></body>
```

或者

```
<body><p><strong>Hello, World!</strong></p></body>
```

或者

```
<p><img src="../ch02/2-4.gif" alt="图像说明文字"/></p>
```

6.3　XHTML 文档的基本结构

使用 XHTML 设计和制作网页，其中的代码同样保存在 HTML 文档中，即文件的扩展名仍然是 htm 或 html。但由于遵循更加规范的语法规定，特将使用 XHTML 编写的 HTML 文档称为 XHTML 文档。

使用 XHTML 设计和制作网页时，XHTML 文档必须具有一定的基本结构。

【例 6-2】　使用 XHTML 设计和制作网页，使创建的 XHTML 文档"6-2.htm"具有一定的基本结构。XHTML 代码如下：

```
<!DOCTYPE html PUBLIC " - //W3C//DTD XHTML 1.0 Transitional//EN"
  "http://www.w3.org/TR/xhtml1/DTD/xhtml1 - transitional.dtd">
<html xmlns = "http://www.w3.org/1999/xhtml">
  <head>
    <meta http - equiv = "content - type" content = "text/html; charset = gb2312"/>
    <title>XHTML 文档的基本结构</title>
  </head>
  <body>
    Hello, World!
  </body>
</html>
```

XHTML 文档的基本结构包括以下几部分：

（1）首先必须使用<! DOCTYPE…>进行文件类型定义（Document Type Definition，DTD），以声明当前 XHTML 文档所遵循的版本。该 XHTML 文档中的 DTD 声明，XHTML 文档遵循 XHTML 1.0 Transitional 的规范及语法规定。如果需要声明 XHTML 文档遵循 XHTML 1.0 Strict 的规范及语法规定，在 DTD 部分则需使用如下代码：

```
<!DOCTYPE html PUBLIC " - //W3C//DTD XHTML 1.0 Strict//EN"
  "http://www.w3.org/TR/xhtml1/DTD/xhtml1 - strict.dtd">
```

注意：DTD 并非 XHTML 文档中的元素，换言之，<! DOCTYPE…>并不是一个标签。

（2）必须使用唯一的 html 元素作为 XHTML 文档的根元素，并且其他所有元素及标签都必须正确嵌套在<html>和</html>标签对之间。

（3）在 XHTML 文档中，必须将 html 元素的 xmlns 属性值设置为"http://www.w3.org/1999/xhtml"，以指定整个文档所使用的命名空间（Namespace）。

（4）在 XHTML 文档头部使用 meta 元素将编码方式设置为中文简体，具体使用如下代码：

```
<meta http - equiv = "content - type" content = "text/html; charset = gb2312">
```

（5）html 元素中必须包含一个 head 元素和一个 body 元素，并且 head 元素中必须包含一个 title 元素。

6.4 使用 W3C 标记验证服务检查 XHTML 文档的语法

W3C 标记验证服务不仅可以检查 HTML 文档的语法，而且可以检查 XHTML 文档的语法。

【例 6-3】 使用 W3C 标记验证服务检查 XHTML 文档的语法。具体步骤如下：

（1）上传并验证 XHTML 文档。在 IE 浏览器的地址栏中输入如下 URL：http://validator.w3.org/♯ validate_by_upload，可以打开 W3C 网站的"Markup Validation Service"网页。在该网页的"Validate by File Upload"页面中单击"浏览"按钮，通过打开的

"选择文件"对话框在本地计算机中选定需要验证的 XHTML 文档。然后,在"Validate by File Upload"页面中单击"Check"按钮,即可将选定的 XHTML 文档上传到 W3C 网站并对该 XHTML 文档进行规范性验证。

(2) 根据错误提示修改 XHTML 文档。在上传的 XHTML 文档中如果存在不符合语法规范的代码,W3C 标记验证服务会给出相应的错误提示。根据错误提示,使用 Notepad 软件修改 XHTML 文档中的相应代码。

(3) 重新上传并验证 XHTML 文档。如果修改后的 XHTML 文档不存在违反语法规范的代码,W3C 标记验证服务会给出验证通过提示。

【例 6-4】 将例 5-4 中的 HTML 文档改写为 Strict 类型的 XHTML 文档。XHTML 代码如下:

```
<!DOCTYPE html PUBLIC " - //W3C//DTD XHTML 1.0 Strict//EN"
  "http://www.w3.org/TR/xhtml1/DTD/xhtml1 - strict.dtd">
<html xmlns = "http://www.w3.org/1999/xhtml">
  <head>
    <title>将 HTML 文档改写为 XHTML 文档</title>
    <meta http - equiv = "content - type" content = "text/html; charset = gb2312"/>
    <style type = "text/css">
      body { background - color:Silver }
      h1 { text - align:center;   color:Red }
      h2 { text - align:center }
      .zhengwen { text - align:center;   color:Blue;   font - weight:bolder }
    </style>
  </head>
  <body>
    <h1>静夜思</h1>
    <h2>唐.李白</h2>
    <p class = "zhengwen">床前明月光,疑是地上霜。<br/>
    举头望明月,低头思故乡。</p>
    <p>【简析】这是写远客思乡之情的诗,诗以明白如话的语言雕琢出明静醉人的秋夜的意境。它不追求想象的新颖奇特,也摒弃了辞藻的精工华美;它以清新朴素的笔触,抒写了丰富深曲的内容。境是境,情是情,那么逼真,那么动人,百读不厌,耐人寻味。无怪乎有人赞它是"妙绝古今"。</p>
  </body>
</html>
```

注意:在将 HTML 文档改写为 Strict 类型的 XHTML 文档时,不仅需要改写 DTD 声明和 html 元素开始标签中的代码,而且必须关闭 meta、link、br 和 image 等空元素的开始标签。

6.5　XHTML + CSS

在 Web 标准网页设计和制作中,XHTML 文档与 HTML 文档的作用和用法相类似——使用 XHTML 文档组织网页的内容和结构,而通过 CSS 文档控制网页内容的表现,从而实现"内容和结构与表现的分离"。

【例 6-5】 使用 CSS 文档和 Strict 类型的 XHTML 文档实现例 5-9。具体步骤如下:

(1) 在 CSS 文档中创建外部样式表,将以下代码保存在 CSS 文档(6-5.css)中。

```
body { background - color:Silver }
h1 { text - align:center;  color:Red;  letter - spacing:1em }
h2 { text - align:center }
.zhengwen { text - align:center;  color:Blue;  font - weight:bolder }
```

（2）将以下代码保存在 XHTML 文档（6-5.htm）中。

```
<!DOCTYPE html PUBLIC " - //W3C//DTD XHTML 1.0 Strict//EN"
  "http://www.w3.org/TR/xhtml1/DTD/xhtml1 - strict.dtd">
< html xmlns = "http://www.w3.org/1999/xhtml">
  < head >
    < title >将 HTML 文档改写为 Strict 类型的 XHTML 文档</title >
    < meta http - equiv = "content - type" content = "text/html; charset = gb2312"/>
    < link rel = "stylesheet" type = "text/css" href = "6 - 5.css"/>
  </head >
  < body >
    < h1 >静夜思</h1 >
    < h2 >唐.李白</h2 >
    < p class = "zhengwen">床前明月光,疑是地上霜。< br/>
    举头望明月,低头思故乡。</p >
    < p >【简析】这是写远客思乡之情的诗,诗以明白如话的语言雕琢出明静醉人的秋夜的意境。它
不追求想象的新颖奇特,也摒弃了辞藻的精工华美;它以清新朴素的笔触,抒写了丰富深曲的内容。
境是境,情是情,那么逼真,那么动人,百读不厌,耐人寻绎。无怪乎有人赞它是"妙绝古今"。</p >
  </body >
</html >
```

注意：在该 XHTML 文档头部,使用 link 元素链接 CSS 文档（6-5.css）中的外部样式表。

6.6　使用字符实体在网页中显示特殊字符

在 HTML 或 XHTML 文档中,某些字符有着特殊的用途,例如,小于号（<）和大于号（>）用于定义 HTML 元素标签的开始和结束,这些字符在网页中是不会显示的。为了在 Web 浏览器中正确地显示这些特殊字符,必须在 HTML 文档的源代码中使用字符实体（Character Entity）。

一个字符实体包括三个部分：一个和号（&）,一个实体名称或者井号（#）和一个实体编号,以及一个分号（;）。

表 6-1 列出了 HTML 文档中常用的字符实体。

表 6-1　HTML 文档中常用的字符实体

在网页中要显示的特殊字符	特殊字符的名称	字符实体	
		使用实体名称	使用实体编号
	无间断空格（non-break space）		
<	小于号（less-than sign）	&lt;	&#60;
>	大于号（greater-than sign）	&gt;	&#62;
&	和号（ampersand）	&amp;	&#38;
"	引号（quotation mark）	&quot;	&#34;

例如，为了在网页中显示小于号，必须在 HTML 文档中使用代码"<"或者"<"。

又如经常需要使用的空格，在 HTML 文档中即使有多个连续的一般空格，在网页中仅会显示一个。

例如，如果在 HTML 文档中使用如下一段代码：

```
<p>通常情况下,HTML 文档中多余的一般空格          会裁掉。</p>
```

那么，在 Web 浏览器中上述代码段将显示为：

通常情况下,HTML 文档中多余的一般空格 会裁掉。

但如果在 HTML 文档中使用字符实体( )，就可以在 Web 浏览器中显示连续的多个空格。

例如，如果在 HTML 文档中使用如下一段代码：

```
<p>在 HTML 文档中使用字符实体         
  可以在 Web 浏览器中显示多个连续的空格。</p>
```

那么，在 Web 浏览器中上述代码段将显示为：

在 HTML 文档中使用字符实体   可以在 Web 浏览器中显示多个连续的空格。

6.7　小结

相对于 HTML，XHTML 的语法更加规范、更加严谨。因此，XHTML 文档能够被 Web 浏览器更容易、更正确地识别。

在 XHTML 文档中，所有元素的标签必须关闭，元素名和属性名都必须小写，元素以及标签之间都必须正确嵌套，元素的属性值必须用双引号("")括起来，不能在注释内容中使用"--"，图像标签必须有说明文字。

目前，较流行的 XHTML 1.0 版本有 Strict、Transitional 和 Frameset 三种子类型。

在 Strict 类型的 XHTML 文档中不能使用表现性元素或属性。在 Transitional 类型的 XHTML 文档中可以使用在 Strict 版本中禁用的表现性元素或属性。

使用 XHTML 和 CSS，能够更好地实现"内容和结构与表现的分离"。

为了在 Web 浏览器中正确地显示小于号(<)、大于号(>)、和号(&)和引号(")等特殊字符，必须在 HTML 文档的源代码中使用字符实体。

6.8　习题

1. 简述 XHTML 的语法规定。
2. 找出以下代码中违反 XHTML 语法规定的地方。

```
<!DOCTYPE html PUBLIC "-//W3C//DTD XHTML 1.0 Strict//EN"
  "http://www.w3.org/TR/xhtml1/DTD/xhtml1-strict.dtd">
<html xmlns="http://www.w3.org/1999/xhtml">
```

```
< head >
  < title >违反语法规定的 XHTML 文档</ title >
  < meta http - equiv = "content - type" content = "text/html; charset = gb2312">
</ head >
< BODY >
  <! -- 在该 XHTML 文档中 -- 存在一些违反 XHTML 语法规定的地方 -->
  < em >找出代码中违反 XHTML 语法规定的地方</ em >
  < p >< img src = "../ch02/2 - 4.gif" width = 200 height = 50 ></ p >
  并对违反语法规定的地方进行修改
</ body >
</ html >
```

3. 编写 XHTML 文档,实现在 Web 浏览器中显示如图 6-1 所示的程序代码。

图 6-1　使用字符实体显示特殊字符

第7章

应用div+CSS布局网页

在第5章中介绍过,通过CSS能够定制和控制文本、图像等内容在网页中的表现,尤其能够使文本在网页中"表现"为不同的字体、大小和颜色。此外,结合使用div元素和CSS还能够对网页进行布局——控制元素及其内容在网页中的位置和所占平面空间。

7.1 盒子模型

盒子模型(Box Model)在网页布局中至为关键。在盒子模型中,HTML文档主体中的每个元素都被Web浏览器看成一个矩形盒子,盒子模型指定了在网页上如何显示元素中的内容。如图7-1所示,元素盒子的最里面是元素中的文字、图像等内容(Content)。直接包围内容的是填充(Padding),在填充中可以呈现元素的背景。填充以外是边框(Border),边框包围着填充。边框以外是最外层的边界(Margin),边界默认是透明的,不会遮挡其后的任何内容。

图 7-1　盒子模型

注意:

(1) 在图7-1中,从内向外的4个矩形框依次表示内容与填充、填充与边框、边框与边界、盒子与外界的分隔线。

(2) 在盒子模型中,填充、边框和边界还可以分解为上、右、下和左四个部分。如,填充又可以分解为上填充(Top Padding,TP)、右填充(Right Padding,RP)、下填充(Bottom Padding,BP)和左填充(Left Padding,LP)。

7.2 与盒子模型有关的样式特性

与盒子模型有关的样式特性主要分为方框和边框两大类。

7.2.1 方框特性

方框特性用于设置元素的宽度（width）、高度（height）、浮动方式（float）、填充宽度（padding）和边界宽度（margin）等特性。

1. 宽度（width）

该特性用于设置元素内容的宽度。width 特性值通常是以 px（像素）和 em（字体高度）为单位的相对值。

2. 高度（height）

该特性用于设置元素内容的高度。同样，height 特性值通常是以 px（像素）和 em（字体高度）为单位的相对值。

3. 浮动方式（float）

该特性用于设置元素的浮动方式。float 特性值可以是 left、right 或 none，分别表示元素向左浮动、向右浮动或不浮动，其中 none 是默认值。

4. 填充宽度（padding）

该特性用于设置元素的填充宽度。padding 特性可以有 1 到 4 个参数值，通常是以 px（像素）和 em（字体高度）为单位的相对值，也可以使用 padding-top、padding-right、padding-bottom 和 padding-left 特性分别设置上、右、下和左填充的宽度。

5. 边界宽度（margin）

该特性用于设置元素的边界宽度。与 padding 特性值类似，margin 特性值通常是以 px（像素）和 em（字体高度）为单位的相对值，也可以使用 margin-top、margin-right、margin-bottom 和 margin-left 特性分别设置上、右、下和左边界的宽度。

7.2.2 边框特性

边框特性用于设置元素的边框宽度（border-width）、边框样式（border-style）和边框颜色（border-color）等特性。

1. 边框宽度（border-width）

该特性用于设置元素的边框宽度。border-width 特性值通常是以 px（像素）和 em（字体高度）为单位的相对值，也可以使用 border-top-width、border-right-width、border-bottom-width 和 border-left-width 特性分别设置上、右、下和左边框的宽度。

2．边框样式（border-style）

该特性用于设置元素的边框样式。border-style 特性值可以是 none（无边框）、dotted（点划线）、dashed（虚线）、solid（实线）、double（双线）、groover（槽状）、ridge（脊状）、insert（凹陷）或 outset（凸出）。同样可以使用 border-top-style、border-right-style、border-bottom-style 和 border-left-style 特性分别设置上、右、下和左边框的样式。

3．边框颜色（border-color）

该特性用于设置元素的边框颜色。与 color 和 background-color 特性值类似，border-color 特性值可以是颜色名称，也可以是 rgb 代码，还可以是一个三位或六位的十六进制值数。也可以使用 border-top-color、border-right-color、border-bottom-color 和 border-left-color 特性分别设置上、右、下和左边框的颜色。

7.2.3　盒子模型演示

以下将通过在 p 元素上应用与盒子模型有关的样式特性来演示盒子模型，并说明元素盒子的填充、边框和边界。

【例 7-1】　演示盒子模型。具体步骤如下。

（1）将以下 XHTML 代码保存在"7-1.htm"文件中。

```
<!DOCTYPE html PUBLIC "-//W3C//DTD XHTML 1.0 Strict//EN"
  "http://www.w3.org/TR/xhtml1/DTD/xhtml1-strict.dtd">
<html xmlns="http://www.w3.org/1999/xhtml">
  <head>
    <meta http-equiv="content-type" content="text/html; charset=gb2312"/>
    <title>盒子模型</title>
    <style type="text/css">
      .box { color:red;  background-color:yellow;
         padding:40px;  border:40px solid blue;  margin:40px }
    </style>
  </head>
  <body>
    <table style="border:1px solid olive">
      <tr><td><p class="box">p 元素的内容</p></td></tr>
    </table>
  </body>
</html>
```

在以上 XHTML 文档头部，使用 style 元素定义了内部样式表，并在其中定义了一个类选择器（.box），在该类选择器中进一步定义了颜色（color）、背景颜色（background-color）、填充（padding）、边框（border）和边界（margin）等与盒子模型有关的样式特性。其中，特性声明（border:40px solid blue）定义了边框的宽度、样式和颜色，等价于特性声明（border-width:40px; border-style:solid; border-color:blue）。

（2）用 IE 浏览器打开 XHTML 文档"7-1.htm"，网页"表现"如图 7-2 所示。

图 7-2 在 IE 浏览器中演示盒子模型

注意：

（1）为了说明和演示盒子的边界，在以上 XHTML 文档主体依次使用了 table、tr 和 td 元素，并将 p 元素嵌套在 td 元素中。同时，在 table 元素中使用特性声明（border:1px solid olive）。这样，在 p 元素盒子的边界外可以增加一个矩形框。

（2）在类选择器（.box）对应的特性声明中，填充（padding）、边框（border）和边界（margin）的宽度都是 40px。

（3）一般情况下，与盒子模型相关的样式特性只应用于 div、p 等块级元素上，而在 em、strong、a、img 和 span 等行内元素上并不直接应用这些样式特性。

7.3 元素及其盒子在网页中的排列

根据盒子模型及其原理，HTML 文档主体中的每个元素都被 Web 浏览器看成一个矩形盒子。在网页中，元素及其盒子的排列方式主要有三种：正常流（Normal Flow）、浮动（Float）和定位（Positioning）。

7.3.1 正常流中的元素盒子

默认情况下，所有元素盒子都是在正常流中排列的。在正常流中，元素盒子在网页中的位置是由元素在 HTML 文档中的位置决定的。具体而言，相邻的行内元素的盒子在同一水平行中从左到右依次排列；相邻的块级元素的盒子从上到下依次排列，其中每个块级元素的盒子独占一行；如果两个块级元素具有父元素和子元素的嵌套关系，那么父元素的块级元素盒子包含子元素的块级元素盒子。

【例 7-2】 正常流中的元素及其盒子。XHTML 代码如下：

```
<!DOCTYPE html PUBLIC " - //W3C//DTD XHTML 1.0 Strict//EN"
```

```
                "http://www.w3.org/TR/xhtml1/DTD/xhtml1 - strict.dtd">
    < html xmlns = "http://www.w3.org/1999/xhtml">
      < head >
        < meta http - equiv = "content - type" content = "text/html; charset = gb2312"/>
        < title >正常流中的元素及其盒子</title >
        < style type = "text/css">
            div { padding:10px;   border:2px solid red;   margin:10px }
            a { padding:5px;   border:2px dashed green;   margin:5px }
            ul { padding:10px;   border:2px solid red;   margin:10px }
            li { padding:5px;   border:2px dotted green;   margin:5px }
        </style >
      </head >
      < body >
        < div >
            这是外面的块级 div 元素(父元素)盒子
            < a href = "♯">第一个行内 a 元素盒子</a>
            < a href = "♯">第二个行内 a 元素盒子</a>
        </div >
        < ul >
            这是外面的块级 ul 元素(父元素)盒子
            < li >这是里面的块级 li 元素(第一个子元素)盒子</li>
            < li >这是里面的块级 li 元素(第二个子元素)盒子</li>
            < li >这是里面的块级 li 元素(第三个子元素)盒子</li>
        </ul >
      </body >
    </html >
```

在 XHTML 文档的 body 元素内,有一个块级 div 子元素和一个块级 ul 子元素。在块级 div 元素中包含两个相邻的行内 a 元素。在块级 ul 元素中包含三个块级 li 元素。此外,块级 ul 元素和块级 li 元素还定义了一个无序列表。

注意：在 Strict 类型的 XHTML 文档中,body 元素既不能直接包含文本内容,也不能直接包含 a、img 等行内元素。

用 IE 浏览器打开 XHTML 文档"7-2.htm",网页的"表现"如图 7-3 所示。

图 7-3　正常流中的元素及其盒子

其中,两个红色的实线框分别为块级 div 元素盒子和块级 ul 元素盒子的边框。在第一个红色实线框表示的块级 div 元素盒子中,又包含两个绿色虚线框表示的行内 a 元素盒子,并且这两个行内 a 元素盒子在同一水平行中从左到右依次排列。在第二个红色实线框表示的块级 ul 元素盒子中,则包含三个绿色点划线框表示的块级 li 元素盒子,其中的每个块级 li 元素盒子独占一行,并且这三个块级 li 元素盒子从上到下依次排列。

7.3.2 元素盒子的浮动

在正常流中,块级元素的盒子都是上下排列的,行内元素的盒子都是左右排列的。因而在正常流中,元素盒子的排列方式十分有限,大大限制了 Web 网页布局的灵活性。为此,CSS 还允许使用浮动方法在网页中排列元素盒子。

在默认情况下,每个元素盒子的 float 特性值都是 none,也就是正常流情况。但是,如果将 float 特性值设置为 left 或 right,元素盒子就会在其父元素盒子内向左或向右浮动。

【例 7-3】 元素盒子的浮动。XHTML 代码如下:

```
<!DOCTYPE html PUBLIC " - //W3C//DTD XHTML 1.0 Strict//EN"
  "http://www.w3.org/TR/xhtml1/DTD/xhtml1 - strict.dtd">
< html xmlns = "http://www.w3.org/1999/xhtml">
  < head >
    < meta http - equiv = "content - type" content = "text/html; charset = gb2312"/>
    < title >元素盒子的浮动</title>
    < style type = "text/css">
      ul { list - style:none }
      li { float:left;   width:180px;   border:1px solid;   }
    </style>
  </head >
  < body >
    < ul >
      <li>第一个 li 元素盒子</li>
      <li>第二个 li 元素盒子</li>
      <li>第三个 li 元素盒子</li>
    </ul>
  </body >
</html >
```

上述代码在 XHTML 文档头部的内部样式表中,使用类型选择器(li)将 float 特性值设置为 left,且该类型选择器与主体中的每个 li 元素相匹配。因此,主体中的三个 li 元素的 float 特性值均为 left。

用 IE 浏览器打开 XHTML 文档"7-3.htm",网页的"表现"将如图 7-4 所示。

由于三个 li 元素的 float 特性值均为 left,所以,第一个 li 元素盒子会向其父元素 ul 盒子的左侧浮动。由于第一个 li 元素盒子的右侧还有足够的空间,所以,第二个 li 元素盒子也会上浮到第一个 li 元素盒子的所在行,并紧靠第一个 li 元素盒子的右侧。同理,由于第二个 li 元素盒子的右侧也还有足够的空间,所以,第三个 li 元素盒子也会上浮到第二个 li 元素盒子的所在行,并紧靠第二个 li 元素盒子的右侧。因此,三个 li 元素盒子会依次排列在同一行上。

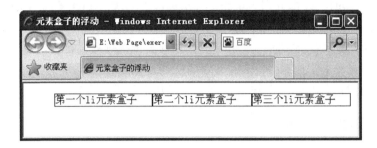

图 7-4　元素盒子的浮动

注意：

（1）在 XHTML 文档头部的内部样式表中，特性声明 border:1px solid 表示盒子的上、右、下和左四个边框的宽度均为 1px，且样式都为实线。

（2）如图 7-5(a)所示，当缩窄 IE 浏览器窗口时，由于同一行的宽度过窄，第三个 li 元素盒子将不能和前两个 li 元素盒子在同一行上。如图 7-5(b)所示，当进一步缩窄 IE 浏览器窗口时，每个 li 元素盒子将各占一行。

(a) 三个li元素盒子排列在两行上　　　　　(b) 三个li元素盒子排列成三行

图 7-5　元素盒子的浮动

7.3.3　应用 CSS 和盒子浮动制作水平导航条

在 Web 标准网页设计和制作中，使用 ul、li 和 a 元素，并应用 CSS 和盒子浮动技术，可以制作水平导航条。

【例 7-4】　应用 CSS 和盒子浮动制作水平导航条。XHTML 代码如下：

```
<!DOCTYPE html PUBLIC "-//W3C//DTD XHTML 1.0 Strict//EN"
  "http://www.w3.org/TR/xhtml1/DTD/xhtml1-strict.dtd">
<html xmlns="http://www.w3.org/1999/xhtml">
  <head>
    <meta http-equiv="content-type" content="text/html; charset=gb2312"/>
    <title>水平导航条</title>
    <style type="text/css">
      ul { width:450px;  margin:0 auto;  list-style:none; }
      li { float:left;  width:150px;  padding:10px 0;  background-color:#FA1;
        text-align:center; }
      a { text-decoration:none;  color:red; }
```

```
        a:hover { color:purple; }
      </style>
    </head>
    <body>
      <ul>
        <li><a href = "#">链 接 1</a></li>
        <li><a href = "#">链 接 2</a></li>
        <li><a href = "#">链 接 2</a></li>
      </ul>
    </body>
  </html>
```

在 XHTML 文档头部的内部样式表中,使用类型选择器(li)将 float 特性值设置为 left。所以,主体中的每个 li 元素会向其父元素 ul 盒子内向左浮动。而在主体的 li 元素中使用 a 元素作为其子元素,这样可以在无序列表中创建文本超链接。此外,在内部样式表中定义了类型选择器(a)和伪类选择器(a:hover),这样可以定义动态的文本超链接——当鼠标悬停在超链接上时,超链接中的文本会显示为紫色。

用 IE 浏览器打开 XHTML 文档"7-4. htm",网页的"表现"如图 7-6 所示。

图 7-6 使用 ul、li 和 a 元素以及盒子浮动制作水平导航条

在内部样式表的类型选择器 ul 中,width 特性值为 450px;在类型选择器 li 中,width 特性值为 150px。所以,主体中的 ul 元素的固定宽度为 450px,每个 li 元素的固定宽度均为 150px。因此,ul 元素盒子恰好可以容纳三个 li 元素盒子。这样,即使缩窄 IE 浏览器窗口,三个 li 元素盒子始终在同一行上。

注意:

(1) 在内部样式表中,特性声明 padding:10px 0 表示盒子的上和下填充的宽度是 10px,而右和左填充的宽度是 0。

(2) 在内部样式表的类型选择器 ul 中,特性声明 margin:0 auto 代表上、下边界的宽度是 0,而左、右边界的宽度可以随 IE 浏览器窗口宽度的变化而自动调整。这样,水平导航条始终在 IE 浏览器窗口内水平居中。

7.4 div+CSS 网页布局

网页布局是网页设计与制作的一项重要工作。通过合理的网页布局,可以将网页中的文字、图像等内容完美、整洁地展示在 Web 浏览器中,优化网页"表现"效果,其至提高网页

的下载速度。在传统的网页设计与制作中,主要采用表格布局方法,即使用 table 元素将网页的平面空间划分为不同的矩形区域。

但随着 CSS 技术的发展、应用和规范,div+CSS 网页布局已经成为 Web 网页设计与制作的标准方法,并已经取代传统的表格布局方法。在 div+CSS 网页布局中,主要使用 div元素和样式表对网页的平面空间进行分区。

如图 7-7 所示,id 属性值为 wrapper、header、naviBar、mainContent 和 footer 的五个 div元素分别定义了五个盒子,每个盒子占据网页平面空间的一个矩形区域。其中,wrapper 盒子定义整个网页在 Web 浏览器窗口中所占的平面空间,并且包含 HTML 文档主体中的所有元素及网页的全部内容。在 wrapper 盒子内,从上到下依次排列 header、naviBar、mainContent 和 footer 四个 div 元素盒子。在 naviBar 盒子内,则使用 ul、li 和 a 元素以及盒子浮动技术制作水平导航条。

图 7-7　div+CSS 网页布局之一

【例 7-5】　根据图 7-7 中的网页布局示意图,使用 div + CSS 对网页进行布局。XHTML 代码如下:

```
<!DOCTYPE html PUBLIC " - //W3C//DTD XHTML 1.0 Strict//EN"
    "http://www.w3.org/TR/xhtml1/DTD/xhtml1 - strict.dtd">
< html xmlns = "http://www.w3.org/1999/xhtml">
< head >
  < meta http - equiv = "content - type" content = "text/html; charset = gb2312"/>
  <title>使用 DIV + CSS 对网页进行布局</title>
  < style type = "text/css">
    #wrapper { width:500px;  height:13em;  padding:0;  border:1px solid;
        margin:5px auto; }
      # header { width:450px;  height:1em;  border:1px solid;  margin:5px auto; }

    # naviBar { width:450px;  height:1em;  border:1px solid;  margin:5px auto;
        background - color: #FA1; }
    # naviBar ul { width:450px;  padding:0;  margin:0 auto;  list - style:none; }
    # naviBar li { float:left;  width:150px;  text - align:center; }
```

```
        #naviBar a { text-decoration:none;   color:red; }
        #naviBar a:hover { color:purple; }

        #mainContent { width:450px;   height:6em;   border:1px solid;
          margin:5px auto; }

        #footer { width:450px;   height:1em;   border:1px solid;   margin:5px auto; }
    </style>
</head>
<body>
    <div id="wrapper">
        id属性值为wrapper的div元素盒子定义整个网页所占的平面空间
        <div id="header">id属性值为header的div元素盒子定义网页的头部</div>

        <!-- id属性值为naviBar的div元素盒子定义网页的水平导航条 -->
        <div id="naviBar">
          <ul>
            <li><a href="#">链    接    1</a></li>
            <li><a href="#">链    接    2</a></li>
            <li><a href="#">链    接    3</a></li>
          </ul>
        </div>

        <div id="mainContent">id属性值为mainContent的div元素盒子定义网页的主体部分
        </div>

        <div id="footer">id属性值为footer的div元素盒子定义网页的底部</div>
    </div>
</body>
</html>
```

图 7-8 是另一种常见的网页布局。在 wrapper 盒子内，从上到下依次排列 logo、banner、naviBar、mainContent 和 footer 五个 div 元素盒子；在 mainContent 盒子内，从左到右又并行排列 sideBar 和 content 两个盒子。

每个盒子在网页布局中有着特定的用途。其中，logo 盒子用于设置网站标志，可以将网站标志图像嵌入 logo 盒子；在 banner 盒子内设置可以突出网站主题的横幅，横幅可以是一些关键性的文字，也可以是图像或动画；在 naviBar 盒子内，是使用 ul、li 和 a 元素以及盒子浮动技术制作的水平导航条；在 sideBar 盒子内，包含二级导航条；网站的主要内容则组织在 content 盒子内。

【例 7-6】 （由学生自己完成）根据图 7-8 中的网页布局示意图，使用 div＋CSS 对网页进行布局，并写出 XHTML 代码。其他要求如下：

（1）使用内部样式表。

（2）在 Web 浏览器中显示示意图中的文本和边框。

图 7-8　div+CSS 网页布局之二

7.5　Web 标准网页设计举例

为了使网页能够在不同 Web 浏览器中正常显示,应该遵循"内容和结构与表现分离"的原则,这也是 Web 标准网页设计的基本原则。

在 Web 标准网页设计与制作中,"内容和结构"可保存在 XHTML 文档中,"表现"的定义则保存在 CSS 文档的外部样式表中。在 XHTML 文档头部,可以使用 link 元素链接 CSS 文档中的外部样式表。在 XHTML 文档主体,如果元素与外部样式表中的选择器及其 CSS 规则匹配,元素中的内容将按照 CSS 规则中的特性声明"表现"在网页中。

图 7-9 为使用 XHTML+div+CSS 技术制作的 Web 标准网页。该网页从上到下依次划分为标志(logo)、横幅(banner)、水平导航条(naviBar)、主要内容(mainContent)和底部(footer)五个部分。

网页中的每个部分通常使用 CSS 文档中的 ID 选择器和 XHTML 文档中的 div 元素来实现。通常情况下,XHTML 文档的主体通常具有以下结构:

```
< body >
  < div id = "wrapper">
    < div id = "logo">… …</div >
    < div id = "banner">… …</div >
    < div id = "naviBar">… …</div >
    < div id = "mainContent">… …</div >
    < div id = "footer">… …</div >
  </div >
</body >
```

图 7-9　使用 XHTML＋div＋CSS 技术制作的 Web 标准网页

其中，标志(logo)、横幅(banner)、水平导航条(naviBar)、主要内容(mainContent)和底部(footer)等对应的 div 元素都包含在 id 属性值为 wrapper 的 div 元素内。在 id 属性值为 naviBar 的 div 元素内，可以使用 ul、li 和 a 元素以及盒子浮动技术制作水平导航条。

【例 7-7】　根据图 7-9 中的网页布局示意图，使用 XHTML＋div＋CSS 技术设计 Web 标准网页。要求使用 XHTML 文档和 CSS 文档实现"内容和结构与表现的分离"。

(1) 在 CSS 文档(7-7.css)中创建外部样式表。CSS 代码如下：

```
＃wrapper { width:780px;   margin:0 auto; }
  ＃logo { width:760px;   height:30px;   padding:10px;   background－color:＃CCC;   font－
size:30px; }
  ＃banner { width:780px;   height:100px; background－image:url("../ch02/2－4.gif"); }

  ＃naviBar { width:780px;   height:2em;   padding:0;   background－color:＃FA1; }
  ＃naviBar ul { width:780px;   padding:0.5em 0;   margin:0 auto;   list－style:none; }
  ＃naviBar li { float:left;   width:260px;   text－align:center; }
  ＃naviBar a { text－decoration:none;   color:red; }
  ＃naviBar a:hover { color:purple; }

  ＃mainContent { width:760px;   padding:10px;   background－color:＃CFF; }
    .para { text－indent:2em; }

  ＃footer { width:760px;   height:1em;   padding:10px;   background－color:＃FF9; }
    address { text－align:center; }
```

在 CSS 文档中，ID 选择器＃logo、＃banner、＃naviBar、＃mainContent 和＃footer 分别对应网页中的标志(logo)、横幅(banner)、水平导航条(naviBar)、主要内容(mainContent)和

底部(footer)。

ID 选择器♯wrapper 对应 XHTML 文档主体中 id 属性值为 wrapper 的 div 元素。

类选择器.para 用于定义网页主要内容中文本的段落样式,其中的特性声明 text-indent:2em 将段落的首行缩进设置为 2em。

通过类型选择器 address 定义的样式将作用于网页底部中的文字,并使文本水平居中。

(2) 在 XHTML 文档(7-7.htm)中使用如下代码:

```
<!DOCTYPE html PUBLIC " - //W3C//DTD XHTML 1.0 Strict//EN"
  "http://www.w3.org/TR/xhtml1/DTD/xhtml1 - strict.dtd">
<html xmlns = "http://www.w3.org/1999/xhtml">
  <head>
    <meta http - equiv = "content - type" content = "text/html; charset = gb2312"/>
    <title>使用 XHTML + div + CSS 设计 Web 标准网页</title>
    <link rel = "stylesheet" type = "text/css" href = "7-7.css"/>
  </head>
  <body>
    <div id = "wrapper">
      <div id = "logo">Web 标准网页设计原理与制作技术</div>
      <div id = "banner"></div>

      <div id = "naviBar">
        <ul>
          <li><a href = "♯">课程介绍</a></li>
          <li><a href = "♯">课堂教学</a></li>
          <li><a href = "♯">学习参考</a></li>
        </ul>
      </div>

      <div id = "mainContent">
        <p class = "para">本课程以 HTML 4.01、XHTML 1.0 和 CSS 2.1 技术规范为基础,重点讲解基
        于 XHTML、div 和 CSS 的 Web 标准网页设计原理和制作技术。</p>
        <p class = "para">与 HTML 相比,XHTML 的语法更加规范和严谨.CSS 为网页的样式设计提供
        了灵活的手段,能够"通过样式实现网页的表现",并使网页"表现"出丰富的视觉效果。使用
        XHTML 和 CSS,能够实现"内容和结构与表现的分离"。在 Web 标准网页设计与制作中,"内容
        和结构"保存在 XHTML 文档中,"表现"的定义则保存在 CSS 文档中。在 XHTML 文档头部,使用
        link 元素可以链接 CSS 文档中的外部样式表。在 XHTML 文档主体,如果元素与外部样式表
        中的选择器及其 CSS 规则匹配,元素中的内容将按照 CSS 规则中的特性声明"表现"在网页
        中。利用 div + CSS,不仅能够对网页进行灵活的布局,而且能够统一网站内网页的设计风
        格,同时大大提高样式代码的可重用性,并降低创建、调整和修改网页的成本。</p>
        <p class = "para">本课程能够帮助学习者了解 Web 标准网页设计的基本原理,掌握 XHTML、
        div 和 CSS 等最新的网页制作技术,为今后的动态网页设计与制作以及网站开发与管理打
        下坚实的基础。</p>
      </div>
      <div id = "footer">
        <address>Copyright @ 2010 - 2012 《网页设计与制作》课程建设小组</address>
      </div>
    </div>
  </body>
</html>
```

注意：

（1）在 CSS 及其应用中，ID 选择器和类选择器似乎相似，但两者的用法有较大区别。首先，在一个 XHTML 文档中，同一 ID 选择器只能使用一次，而同一类选择器可以使用多次。例如，在 CSS 文档的外部样式表中，既有 ID 选择器♯logo 和♯mainContent，又有类选择器.para。而在 XHTML 文档中，只能有一个 div 元素的 id 属性值是 logo，也只能有一个 div 元素的 id 属性值是 mainContent，但可以有三个 p 元素的 class 属性值是 para。其次，ID 选择器主要用于对网页进行分区和搭建网页的大框架，而类选择器通常用来定义细节性的样式。例如，在 XHTML 文档中，id 属性值为 logo 的 div 元素定义了网页的标志区，id 属性值为 mainContent 的 div 元素定义了网页的主要内容区，而类选择器.para 则用于定义段落样式。

综上所述，相对于类选择器，ID 选择器的针对性更强。

（2）在 XHTML 文档主体，通常将块级元素 div 用作一个容器——在一个 div 元素中，既可以包含行内元素，也可以包含 div 元素或其他块级元素。例如，在 XHTML 文档主体，id 属性值为 wrapper 的 div 元素是一个最外层的容器，在其中又包含 id 属性值为 logo、banner、naviBar、mainContent 和 footer 的五个 div 元素。

（3）padding、border 和 margin 特性的默认值均是 0。但是，只有精确设置 width、height、padding、border 和 margin 等特性值，才能保证相关 div 元素盒子之间的无缝连接。

例如，在本例中，id 属性值为 wrapper 的 div 元素盒子的宽度（width）是 780px，那么其直接包含的 div 元素盒子的横向尺寸也应该恰好为 780px。在 id 属性值为 logo 的 div 元素盒子对应的 ID 选择器♯logo 中，padding 和 width 的特性值分别为 10px 和 760px，border 和 margin 特性的默认值是 0，因此，该 div 元素盒子的横向尺寸就是 780px，恰好占满标志的整个空间。

又如，id 属性值为 naviBar 的 div 元素盒子以及 ul 元素盒子的宽度（width）都是 780px。另一方面，依据类型选择器（li）对应的特性声明，每个 li 元素的 padding、border 和 margin 特性值都是 0，宽度（width）都是 260px。这样，三个 li 元素盒子的横向尺寸之和就是 780px，恰好占满 ul 元素的宽度。

7.6 小结

在 HTML 元素的盒子模型中，从里向外依次是内容、填充、边框和边界。

元素及其盒子在网页中的排列方式主要有正常流、浮动和定位三种。

在正常流中，元素盒子在网页中的位置是由元素在 HTML 文档中的位置决定的。具体而言，相邻的行内元素的盒子在同一水平行中从左到右依次排列；相邻的块级元素的盒子从上到下依次排列，其中每个块级元素的盒子独占一行；如果两个块级元素具有父元素和子元素的嵌套关系，那么父元素的块级元素盒子包含子元素的块级元素盒子。

在 HTML 及 XHTML 中，元素的 float 特性的默认值是 none，也就是正常流情况。但是，如果将 float 特性值设置为 left 或 right，元素盒子就会在其父元素盒子内向左或向右浮动。

在 Web 标准网页中，经常使用 ul、li 和 a 元素，并应用 CSS 和盒子浮动技术来制作水平导航条。

    div+CSS 网页布局已经成为 Web 网页设计与制作的标准技术,使用 div 元素和样式表能够灵活地对网页的平面空间进行分区。

 习题

    1. 元素盒子的精确嵌套。XHTML 文档的部分代码如下:

```
<!DOCTYPE html PUBLIC " - //W3C//DTD XHTML 1.0 Strict//EN"
    "http://www.w3.org/TR/xhtml1/DTD/xhtml1 - strict.dtd">
<html xmlns = "http://www.w3.org/1999/xhtml">
  <head>
    <meta http - equiv = "content - type" content = "text/html; charset = gb2312"/>
    <title>盒子的嵌套</title>
    <style type = "text/css">
      #outer { padding:10px;  border:2px solid red;  margin:0 auto;
        height:200px;  width:300px }
      #inner { padding:10px;  border:10px dashed green;  margin:30px 10px;
        height:(   );  width:(   ) }
    </style>
  </head>
  <body>
    <div id = "outer">
      <div id = "inner"></div>
    </div>
  </body>
</html>
```

    在上述两个空格中填入相应的特性值,使 id 属性值为 inner 的 div 元素盒子在 id 属性值为 outer 的 div 元素盒子内水平和垂直居中,如图 7-10 所示。

图 7-10   元素盒子的精确嵌套

2. 将例7-5样式表中的后代选择器改写为子元素选择器。

3. 参考图7-11并修改例7-5中的XHTML文档,使用div+CSS技术布局网页。

图 7-11　网页布局示意图

4. 参考图7-12,使用div+CSS技术布局网页。

图 7-12　更复杂的网页布局

5. 参照图 7-13 中的网页布局示意图，并按照图中标示的要求，使用 XHTML＋div＋CSS 技术设计 Web 标准网页。其他要求：(1)标志中的文本水平居中。(2)使用 XHTML 文档和 CSS 文档实现"内容和结构与表现的分离"。(3)重新制作交替切换和显示的 GIF 动画图片，并使其恰好占满横幅的平面空间。

图 7-13 Web 标准网页的布局示意图

第8章

使用 Dreamweaver 设计和制作网页

Dreamweaver 是一款专业的网页设计和制作软件。使用 Dreamweaver 软件,不仅可以快速地创建 CSS 文档及其中的样式表,而且能够轻松地创建、编辑 XHTML 文档并应用 CSS 文档中的样式。

8.1 Dreamweaver 软件的工作界面

如图 8-1 所示,Dreamweaver 软件的工作界面由菜单栏、一组面板、检查器和窗口组成。

图 8-1 Dreamweaver 软件的工作界面

1. 菜单栏

菜单栏位于 Dreamweaver 窗口的上方,包括文件、编辑、查看、插入、修改、文本、命令、站点、窗口和帮助等菜单。每个菜单又包含一组功能相关的命令。

选择"窗口"菜单中的命令,可以打开相应的面板、检查器和窗口。

2．插入栏

插入栏包含一组用于将各种类型的"对象"(如超链接、表格和图像)插入 XHTML 文档的按钮。插入的每个对象都对应一段 HTML 代码，并允许在插入对象时设置相应元素的属性。例如，在插入栏中单击"表格"按钮，可以插入一个表格。也可以使用"插入"菜单插入某些对象。

3．文档工具栏

文档工具栏包含各种按钮，能够提供 XHTML 文档的三种视图(如"设计"视图和"代码"视图)、各种查看选项和一些常用操作(如在 Web 浏览器中预览 XHTML 文档)。

4．文档窗口

文档窗口显示当前创建和编辑的 CSS 文档或 XHTML 文档。

5．属性检查器

属性检查器用于查看、设置和修改所选对象或文本的各种属性。每种对象都具有不同的属性。

6．标签选择器

标签选择器位于文档窗口底部的状态栏中，显示环绕当前选定内容的标签的层次结构。单击该层次结构中的任何标签可以选择该标签及其全部内容。

7．面板组

面板组是组合在一个标题下面的相关面板的集合。若要展开一个面板组，可以单击组名称左侧的展开箭头；若要取消停靠一个面板组，可以拖动该组标题条左边缘的手柄。

8．文件面板

文件面板用于管理文件和文件夹。类似于 Windows 资源管理器，通过文件面板可以访问本地磁盘上与网站有关的各种文件。

8.2 使用 Dreamweaver 创建 CSS 文档

使用 Dreamweaver 软件，可以快速地创建、编辑 CSS 文档及其中的样式表。

【例 8-1】 使用 Dreamweaver 创建 CSS 文档(6-5.css)及其中的样式表。具体步骤如下。

(1) 新建 CSS 文档。进入 Dreamweaver 后，在菜单栏中选择"文件"|"新建"命令，会弹出"新建文档"对话框。如图 8-2 所示，在"新建文档"对话框的"类别"列表中选择"基本页"，在"基本页"列表中选择"CSS"。然后，单击"创建"按钮，打开新建的 CSS"文档"窗口。

图 8-2　在"新建文档"对话框中创建 CSS 文档

（2）创建类型选择器及其 CSS 规则。在文档工具栏中，"拆分"视图和"设计"视图按钮已被禁用。因此，在 CSS 文档窗口中只能通过"代码"视图创建和编辑 CSS 规则。

如图 8-3 所示，在 CSS 面板的右下角单击"新建 CSS 规则"按钮，会弹出"新建 CSS 规则"对话框。在"新建 CSS 规则"对话框中，首先在"选择器类型"选项中选择"标签"，然后从"标签"下拉列表框中选择 HTML 元素 h1，单击"确定"按钮。这时，会弹出"h1 的 CSS 规则定义"对话框。

图 8-3　创建类型选择器及其 CSS 规则

（3）设置样式特性值。如图 8-4(a)所示，在"h1 的 CSS 规则定义"对话框中，样式特性分为类型、背景、区块、方框、边框、列表、定位和扩展八个类别。通过该对话框，可以设置 CSS 规则中的样式特性以及对应的特性值。

首先"分类"列表中将自动选定"类型"。此时,在该对话框的右边,将字体颜色的特性(color)值设置为红色(Red)。

(a) 设置字体颜色特性

(b) 设置文本对齐特性

图 8-4　设置 CSS 规则中的样式特性以及对应的特性值

然后如图 8-4(b)所示,在"h1 的 CSS 规则定义"对话框的"分类"列表中选定"区块",再在该对话框的右边将文本对齐的特性(text-align)值设置为居中(center)。然后,单击"确定"按钮,即可在文档窗口中自动创建如下的 CSS 代码:

```
h1 { color:Red;  text-align:center }
```

注意:在 Dreamweaver 软件中,标签选择器即是 CSS 2.1 规范中定义的类型选择器。

(4) 使用 CSS 面板向 CSS 规则添加特性声明。如图 8-5 所示,进入 CSS 面板,首先在"所有规则"中选择 h1,然后在"h1 的属性"中将字符间距特性(letter-spacing)值设置为1em,即可向类型选择器 h1 对应的 CSS 规则添加特性声明。

图 8-5　使用 CSS 面板向 CSS 规则添加特性声明

此时,文档窗口中的 CSS 代码如下:

```
h1 { text-align:center;  color:Red;  letter-spacing:1em }
```

(5) 继续在 CSS 文档中创建 CSS 规则。按照步骤(2)～(4)中的操作方法,创建如下完整的 CSS 代码:

```
body { background-color:Silver }
h1 { text-align:center;  color:Red;  letter-spacing:1em }
h2 { text-align:center }
```

```
.zhengwen { text-align:center;　color:Blue;　font-weight:bolder }
```

（6）保存CSS文档及其中的样式表。在菜单栏中选择"文件"|"保存"命令，然后，在弹出的"另存为"对话框中选定保存CSS文档的文件夹并指定文件名为"8-1.css"。单击"确定"按钮，即可保存CSS文档及其中的样式表。

在上述步骤（3）的"h1 CSS规则定义"对话框中，样式特性被分为类型、背景、区块、方框、边框、列表、定位和扩展八个类别。通过该对话框，可以设置CSS规则中的样式特性以及对应的特性值。以下主要介绍前面几类样式特性。

1．类型特性

如图8-6所示，类型特性用来对网页中文本的字体（font-family）、大小（font-size）、样式（font-style）、行高（line-height）、修饰（text-decoration）、粗细（font-weight）和颜色（color）等特性进行设置。

图8-6　类型特性

2．背景特性

背景特性主要作用于body、table和div等元素。如图8-7所示，常用的背景特性有背景颜色（background-color）和背景图像（background-image）。

3．区块特性

区块特性用来对文本中的单词间距（word-spacing）、字母间距（letter-spacing）、垂直对齐（vertical-align）、文本对齐（text-align）、文字缩进（text-indent）和显示（display）等特性进行设置。常见的区块特性如图8-8所示。

4．方框特性

方框特性主要作用于div元素及其盒子。如图8-9所示，常用的方框特性有宽度（width）、高度（height）、浮动（float）、填充（padding）和边界（margin）等。

图 8-7　背景特性

图 8-8　区块特性

图 8-9　方框特性

注意：

（1）padding 特性又可细分为 padding-top、padding-right、padding-bottom 和 padding-left。

（2）margin 特性可细分为 margin-top、margin-right、margin-bottom 和 margin-left。

5．边框特性

和方框特性类似，边框特性也主要作用于 div 元素及其盒子。如图 8-10 所示，常用的边框特性有边框样式（border-style）、边框宽度（border-width）和边框颜色（border-color）等特性。

图 8-10　边框特性

8.3　使用 Dreamweaver 创建 XHTML 文档

熟练使用 Dreamwcaver 软件，可以轻松地创建 XHTML 文档，并高效地设计和制作网页。

【例 8-2】　使用 Dreamweaver 创建 XHTML 文档（6-5．htm）。具体步骤如下。

（1）新建 XHTML 文档。进入 Dreamweaver 后，在菜单栏中选择"文件"|"新建"命令，会弹出"新建文档"对话框。如图 8-11 所示，在"新建文档"对话框的"类别"列表中选择"基本页"，在"基本页"列表中选择"HTML"，在"文档类型"下拉列表框中选择"XHTML 1.0 Strict"。然后，单击"创建"按钮，即可新建 XHTML 文档，同时打开文档窗口。

如图 8-12 所示，在文档窗口中，Dreamweaver 软件会自动生成文件类型定义以及有关 html、head、meta、title 和 body 等 HTML 元素的代码，这些代码构成了 Strict 类型的 XHTML 文档的基本结构。

（2）设置网页标题。如图 8-12 所示，在插入栏的"标题"文本框中输入文本"使用 Dreamweaver 创建 XHTML 文档"，即可设置网页标题。

（3）保存 XHTML 文档。在菜单栏中选择"文件"|"保存"命令，在弹出的"另存为"对话框中选定保存 XHTML 文档的文件夹，并指定 XHTML 文档的文件名"8-1．htm"。然

图 8-11　在"新建文档"对话框中创建 XHTML 文档

图 8-12　设置网页标题

后,在"另存为"对话框中单击"确定"按钮,即可保存 XHTML 文档及其中的 HTML 代码。

(4) 切换到 XHTML 文档的"拆分"视图。在 Dreamweaver 窗口中,XHTML 文档有三种视图——"代码"、"设计"和"拆分"视图。在"代码"视图中可以直接编辑和显示 HTML 代码。"设计"视图是一个可视化的网页设计和制作环境,其中会显示类似在 Web 浏览器中查看页面时看到的内容。在"拆分"视图中能够同时看到同一 XHTML 文档的"代码"和"设计"视图。在 Dreamweaver 窗口的文档工具栏中单击"显示代码视图和设计视图"按钮,即可切换到 XHTML 文档的"拆分"视图。

(5) 链接外部样式表。如图 8-13 所示,在 CSS 面板的右下角单击"附加样式表"按钮,会弹出"链接外部样式表"对话框。在"链接外部样式表"对话框中,单击"浏览"按钮。在弹出的"选择样式表文件"对话框中选择 CSS 文档(8-1. css),单击"确定"按钮,即可返回"链接外部样式表"对话框。在"链接外部样式表"对话框中,单击"确定"按钮,即可在 XHTML 文档头部自动生成 link 元素及其代码。这样,在 XHTML 文档(8-1. htm)中即可链接 CSS 文档(8-1. css)中的外部样式表。

在 Dreamweaver 窗口右边的 CSS 面板中,可以看到外部样式表中的三个类型选择器(body、h1、h2)和一个类选择器(. zhengwen)。

②指定外部样式表所在的CSS文档

①单击"附加样式表"按钮

图 8-13　链接外部样式表

(6) 在 XHTML 文档主体输入文本内容。首先,在 Dreamweaver 窗口下方的标签选择器中选择 body 标签。然后,在"设计"视图中输入如下文本:

静夜思唐. 李白床前明月光,疑是地上霜。举头望明月,低头思故乡。【简析】这是写远客思乡之情的诗,诗以明白如话的语言雕琢出明静醉人的秋夜的意境。它不追求想象的新颖奇特,也摒弃了辞藻的精工华美;它以清新朴素的笔触,抒写了丰富深曲的内容。境是境,情是情,那么逼真,那么动人,百读不厌,耐人寻味。无怪乎有人赞它是"妙绝古今"。

在"代码"视图中可以看到,这些文本将位于 body 元素的开始标签和结束标签之间。

(7) 在文本内容上应用类型选择器对应的 CSS 规则及其样式。如图 8-14 所示,首先,在"代码"视图中选中文本"静夜思"。然后,单击鼠标右键,在弹出的快捷菜单中选择"插入标签"命令,会弹出"标签选择器"对话框。在"标签选择器"对话框的左边列表中选择"HTML 标签",再在右边列表中双击"h1",会弹出"标签编辑器"对话框。在"标签编辑器"对话框中单击"确定"按钮,即可在文本"静夜思"两端添加元素 h1 的开始标签和结束标签,同时关闭"标签编辑器"对话框。这样,XHTML 文档主体中的文本"静夜思"即可应用类型选择器(h1)对应的 CSS 规则(h1 { text-align:center;　color:Red;　letter-spacing:1em })及其中的样式。

返回"标签选择器"对话框后,单击"关闭"按钮,即可关闭"标签选择器"对话框。

按照类似的操作方法,在文本"唐. 李白"上应用类型选择器(h2)对应的 CSS 规则(h2 { text-align:center })及其中的样式。

(8) 在文本内容上应用类选择器对应的 CSS 规则及其样式。首先,在"代码"视图中选

图 8-14 在文本内容上应用类型选择器及其样式

中文本"床前明月光，疑是地上霜。举头望明月，低头思故乡。"然后，单击鼠标右键，在弹出
的快捷菜单中选择"插入标签"命令，会弹出"标签选择器"对话框。在"标签选择器"对话框
的左边列表中选择"HTML 标签"，再在右边列表中双击"p"，会弹出"标签编辑器"对话框。
如图 8-15 所示，在"标签编辑器"对话框的左侧列表中选择"样式表/辅助功能"，然后在右侧
的"类"文本框中输入"zhengwen"，最后单击"确定"按钮，即可在选中文本的两端添加元素 p
的开始标签和结束标签，具体代码如下：

< p class = "zhengwen">床前明月光，疑是地上霜。举头望明月，低头思故乡。</p>

图 8-15 在文本内容上应用类选择器及其样式

这样，即可在文本内容上应用类选择器(zhengwen)对应的 CSS 规则及其样式。

（9）在 XHTML 文档中添加元素标签。如图 8-16 所示，与步骤（7）和（8）的操作方法类
似，在 XHTML 文档中插入空元素 br 的开始标签
以及与"简析"对应的 p 元素的开
始标签<p>和结束标签</p>。

图 8-16　在 XHTML 文档中添加元素标签

　　（10）验证标记。如图 8-17 所示，在文档工具栏中单击"验证标记"按钮，将在 Dreamweaver 窗口下方的结果面板中显示标记验证结果。通过验证标记，可以检查 XHTML 文档中是否存在语法不规范的代码。

图 8-17　验证标记

　　（11）在 Web 浏览器中预览网页。在文档工具栏中单击"在浏览器中预览/调试"按钮（参见图 8-17），即可以启动 Web 浏览器并在其中预览 XHTML 文档的显示效果。

　　（12）保存 XHTML 文档。XHTML 文档通过验证标记和预览后，在菜单栏中选择"文件"|"保存"命令，即可保存 XHTML 文档及其中的最终 HTML 代码。

8.4　小结

Dreamweaver 为实现"内容和结构与表现的分离"提供了有效工具。

使用 Dreamweaver,可以轻松地创建、编辑和修改 CSS 和 XHTML 文档。

Dreamweaver 具有可视化编程功能。通过鼠标操作或选择菜单命令,Dreamweaver 能够在 CSS 和 XHTML 文档中自动和快速地生成相应的代码。

使用 Dreamweaver,不仅能够在 XHTML 文档中方便地链接 CSS 文档中的外部样式表,而且可以轻松地应用外部样式表中的 CSS 规则及其样式。

8.5　习题

1. 使用 Dreamweaver 创建例 7-7 中的 CSS 文档(7-7. css)及其中的外部样式表。

2. 使用 Dreamweaver 创建例 7-7 中的 XHTML 文档(7-7. htm),并应用习题 1 的 CSS 文档中的样式。

第9章 使用 Dreamweaver 建设网站

本章将以《Web 标准网页设计原理与制作技术》课程网站为例简要说明网站建设的一般过程。

9.1 网站规划与功能定位

在网站中,既可以使用静态网页向外界发布信息,实现信息的单向流动,也可以通过动态网页与网站访问者进行互动,实现信息的双向流动。

本章课程网站的建设主要实现以下四项功能:

(1) 课程介绍。此项功能将以文字形式描述 Web 标准网页的基本设计原理和关键制作技术。在基本设计原理中强调"内容和结构与表现的分离",关键制作技术则包括语法严谨的 XHTML、保存外部样式表的 CSS 文档和基于 div+CSS 的网页布局。

(2) 课件下载。为了方便学生课前预习和课后复习,准备将各章的教学课件上传到课程网站,以供学生下载。

(3) 学习指南。为了指导学生课下及今后的进一步学习,将向学生提供相关的开放式课程网站及其网址。

(4) JavaScript 演示。此项功能将演示使用 JavaScript 编程实现的表单验证。

上述四项功能将使用静态网页实现,并分别对应"课程介绍"、"课件下载"、"学习指南"和"JavaScript 演示"四个静态网页。

9.2 创建本地站点

网站又称站点。通常分为两种:一种是远程站点,另一种是本地站点。远程站点是指可以通过互联网访问的站点,这种站点的文件都存储在互联网的服务器上。远程站点是常见的网站形式,但直接在服务器上创建或者测试远程站点会有很多困难。所以,通常先在本地计算机上创建站点,待完成站点创建、建设和测试后,再通过 FTP 工具将这个站点及其中的各种文件上传到服务器,这个在本地计算机上创建的站点就称为本地站点。

在 Dreamweaver 软件中,可以使用向导轻松地创建本地站点。

【例 9-1】 创建名称为 courseWebsite 的本地站点。具体步骤如下:

(1) 设置站点名称。进入 Dreamweaver 后,在菜单栏中选择"站点"|"新建站点"命令。

如图 9-1 所示,在弹出的新建站点向导第一步的对话框中,设置站点名称为"courseWe-bsite"。单击"下一步"按钮。

图 9-1　设置站点名称

（2）设置是否使用服务器技术。如图 9-2 所示,在新建站点向导第二步的对话框中,选择"否,我不想使用服务器技术"单选按钮。然后单击"下一步"按钮。

图 9-2　选择"不使用服务器技术"

（3）设置本地站点的根文件夹。如图 9-3 所示,在新建站点向导第三步的对话框中,设置本地站点的根文件夹。

（4）设置远程服务器连接方式。如图 9-4 所示,在新建站点向导第四步的对话框中,在"您如何连接到远程服务器"下拉列表中选择"无"选项。然后单击"下一步"按钮。

（5）确认站点的相关设置。如图 9-5 所示,在新建站点向导第五步的对话框中,核对和确认站点的相关设置,之后单击"完成"按钮,即可创建本地站点。

图 9-3 设置本地站点的根文件夹

图 9-4 选择是否使用远程服务器

图 9-5 确认站点的相关设置

9.3　创建公共文件夹

在多数情况下，一个网站是由格式多样的相关文件组成的。网站中的众多文件可能包括网页形式的 HTML 文件、可供下载的 Word 和 PowerPoint 文件、存储图像的 gif 文件、修饰和布局网页的 CSS 文档、动画和背景音乐等多媒体文件，以及含有 JavaScript 代码的程序文件。这些文件通过 HTML 中的 a、img、link、object、bgsound 和 script 元素有机地组织在一起。

除文件格式的多样性外，文件数量众多也是网站的一个特性。为了有效地组织和管理网站中数量众多的各类文件，可首先在站点根文件夹下创建若干公共文件夹，然后将各个文件保存在相应的公共文件夹中。例如，在 html 文件夹中存放网页形式的 HTML 文件，在 files 文件夹中存放可供下载的 Word 和 PowerPoint 文件，在 images 文件夹中存放 gif 图像文件，在 css 文件夹中存放 CSS 文档，在 media 文件夹中存放多媒体文件，在 js 文件夹中存放 JavaScript 脚本文档，在 textmaterials 文件夹中存放制作网页所需的文字素材。

使用 Dreamweaver 软件，不仅可以轻松创建本地站点的公共文件夹，而且能够轻松修改和维护网站中的各种文件。

【例 9-2】　在例 9-1 的基础上，使用 Dreamweaver 软件的文件面板，创建本地站点的公共文件夹。具体步骤如下：

（1）打开文件面板。如果在 Dreamweaver 软件窗口中没有显示文件面板，可以在菜单栏中选择"窗口"|"文件"命令。

（2）创建公共文件夹。如图 9-6 所示，在文件面板中右击"站点 courseWebsite"，在弹出的快捷菜单中选择"新建文件夹"命令，即可创建没有标题的文件夹，然后将该文件夹命名为 css。按照类似的操作方法，依次建立 files、html、images、js、media 和 textmaterials 文件夹。

图 9-6　创建公共文件夹

9.4　设计网页的版面布局

通常情况下，网站中的一组网页具有相同的版面布局。在设计网页的版面布局时，主要考虑将整个网页划分为几个矩形区域，并确定每个矩形区域的尺寸、形式和作用。如图 9-7

所示,在课程网站中,每个网页从上到下依次分为文字横幅、动画横幅、水平导航条、主要内容和底部五个矩形区域,每个矩形区域的宽度均为800px。

文字横幅（charBanner）①尺寸：800px（宽）×30px（高）②文字内容：Web标准网页设计原理与制作技术。
动画横幅（cartoonBanner）①尺寸：800px（宽）×80px（高）②GIF动画。XHTML、div+CSS和JavaScript三个画面交替切换。或者SWF动画。缩放自如的文字（文字内容：XHTML+div+CSS+JavaScript）；文字先由小变大,再由大变小。
水平导航条（naviBar）①尺寸：800px（宽）×2em（高）②使用ul、li和a元素制作水平导航条③在水平导航条中有指向对应静态网页的四个超链接。
主要内容（mainContent）①尺寸：宽度800px,高度随内容多少自动调整。
底部（footer）①尺寸：宽度800px×1em（高）②文字内容：Copyright·@·2010-2012·《网页设计与制作》课程建设小组。

图9-7　课程网站的网页版面布局

注意:在动画横幅中放置的动画,可以是使用Fireworks软件制作的GIF动画,也可以是使用Flash软件制作的SWF动画,但这两种动画的尺寸均应是宽800px、高80px。

按照图9-7的网页版面布局,XHTML文档主体中的关键代码如下:

```
<div id="container">
  <div id="charBanner"></div>              <!--文字横幅-->
  <div id="cartoonBanner"></div>           <!--动画横幅-->
  <div id="naviBar"></div>                 <!--水平导航条-->
  <div id="mainContent"></div>             <!--主要内容-->
  <div id="footer"></div>                  <!--底部-->
</div>
```

注意:

(1) 在上述代码中,每个div元素及其盒子对应一个矩形区域。

(2) 通常情况下,XHTML文档主体中有一个最大、最外层的div盒子,其他div盒子都包含在该div盒子中。例如,在上述代码中,container即是最大、最外层的div盒子,charBanner、cartoonBanner、naviBar、mainContent和footer五个div盒子都包含在container盒子内。

9.5　素材准备

针对课程网站的四项功能,并依据网页的版面布局,需要准备以下相关素材。

(1) 介绍性文字。网站中的介绍性文字既要突出关键词,又要注重简洁。关键词能够突出重点,吸引浏览者的眼球,而文字简洁能够节省网页浏览者的阅读时间。因此,有必要对介绍性文字进行反复推敲。

在课程网站的"课程介绍"网页中,为了描述 Web 标准网页的基本设计原理和关键制作技术,可以使用如下介绍性文字:

本课程以 HTML 4.01、XHTML 1.0 和 CSS 2.1 技术规范为基础,重点讲解基于 XHTML、div 和 CSS 的 Web 标准网页设计原理和制作技术。

与 HTML 相比,XHTML 的语法更加规范和严谨。CSS 为网页的样式设计提供了灵活的手段,能够"通过样式实现网页的表现",并使网页"表现"出丰富的视觉效果。使用 XHTML 和 CSS,能够实现"内容和结构与表现的分离"。在 Web 标准网页设计与制作中,"内容和结构"保存在 XHTML 文档中,"表现"的定义则保存在 CSS 文档中。在 XHTML 文档头部,使用 link 元素可以链接 CSS 文档中的外部样式表。在 XHTML 文档主体,如果元素与外部样式表中的选择器及其 CSS 规则匹配,元素中的内容将按照 CSS 规则中的特性声明"表现"在网页中。利用 div+CSS,不仅能够对网页进行灵活的布局,而且能够统一网站内网页的设计风格,同时大大提高样式代码的可重用性,并降低创建、调整和修改网页的成本。

本课程能够帮助读者了解 Web 标准网页设计的基本原理,掌握 XHTML、div 和 CSS 等最新的网页制作技术,为今后的动态网页设计与制作以及网站开发与管理打下坚实的基础。

【例 9-3】 (由学生自己完成)使用记事本编辑上述介绍性文字,再将这些文字保存在文件名为 9-1. txt 的文本文件中,最后将该文件保存在本地站点的公共文件夹 textmaterials 中,以备制作网页时使用。

(2) PPT 文件。对于"课件下载"网页,需要制作课件,并创建 PowerPoint 文件。

【例 9-4】 (由学生自己完成)针对课程各章(假设共九章),使用 PowerPoint 软件制作课件,创建九章对应的 PowerPoint 文件,文件名分别为 ch01. ppt～ch09. ppt,然后将这九个文件保存在本地站点的公共文件夹 files 中。

(3) 图片和动画文件。在网页的版面布局设计完成之后,才能最终确定图片或动画所占矩形区域的尺寸大小。因此,通常先进行网页的版面布局设计,然后再使用 Fireworks 或 Flash 软件制作或修改图片或动画文件。

根据网页的版面布局设计,在动画横幅(cartoonBanner)中既可以放置画面切换的 GIF 动画,也可以放置文字缩放自如的 SWF 动画。

【例 9-5】 (由学生自己完成)使用 Fireworks 软件制作 GIF 动画,使用 Flash 软件制作 SWF 动画,具体要求如下:①GIF 动画和 SWF 动画的场景大小:800px(宽)×80px(高)。②GIF 动画为 XHTML、div+CSS 和 JavaScript 三个画面交替切换。③SWF 动画为缩放自如的文字,文字内容为"XHTML+div+CSS+JavaScript",文字先由小变大,再由大变小。④GIF 动画的文件名为 cartoonBanner. gif,SWF 动画的文件名为 cartoonBanner. swf。然后,将这两个文件分别保存在本地站点的公共文件夹 images 和 media 中。

9.6 创建实现网页版面布局的 CSS 文档

首先,在 CSS 文档的外部样式表中,定义 ID 选择器及其对应的 CSS 规则。外部样式表中的 ID 选择器与 XHTML 文档中的 div 元素有着密切的关系。然后,在 XHTML 文档中通过 div 元素应用外部样式表中的 ID 选择器及其对应的 CSS 规则,借此实现网页的版面布局。

在 9.4 节的网页版面布局中,共有 container、charBanner、cartoonBanner、naviBar、mainContent 和 footer 六个 div 盒子构成的矩形区域。其中,container 盒子是最大、最外层的 div 盒子,charBanner、cartoonBanner、naviBar、mainContent 和 footer 五个 div 盒子都包含在 container 盒子内。对应于这六个 div 盒子,在外部样式表中需要定义六个对应的 ID 选择器及其对应的 CSS 规则。

【例 9-6】 使用本地 Dreamweaver 软件创建 CSS 文档,并在其中创建外部样式表。然后,将该 CSS 文档保存在本地站点的公共文件夹 css 中,并将该 CSS 文档命名为 default. css。CSS 规则及其代码如下:

```
# container { width:800px;   margin:0 auto; }
  # charBanner { width:800px;   height:30px;   background-color:# CCC; }
  # cartoonBanner { width:800px;   height:80px; }
  # naviBar { width:800px;   height:2em;   padding:0;   background-color:# FA1; }
    # naviBar ul { width:800px;   padding:0.5em 0;   margin:0 auto;   list-style:none; }
    # naviBar li { float:left;   width:200px;   text-align:center; }
    # naviBar a { text-decoration:none;   color:red; }
    # naviBar a:hover { color:purple; }
  # mainContent { width:780px;   padding:10px;   background-color:# CFF; }
  # footer { width:800px;   height:20px;   background-color:# FF9; }
```

注意: 在上述外部样式表中,ID 选择器 # naviBar 与 # naviBar ul、# naviBar li、# naviBar a 和 # naviBar a:hover 四个后代选择器共同定义了水平导航条的样式。

9.7 创建 HTML 模板

在一个网站中,通常有几十甚至上百个网页,其中许多网页不仅有相同的版面布局,而且在公共矩形区域中的内容也是一样的。为此,可以使用 Dreamweaver 将相同的网页版面布局和网页中的公共矩形区域固化在 HTML 模板中。然后,在 HTML 模板的基础上制作每个网页。这样,每个网页的相同版面布局和公共矩形区域中的内容将自动生成,只要在网页中添加各自的内容即可完成每个网页的制作。显然,利用 HTML 模板制作网页将大大提高网站建设和维护的效率。

【例 9-7】 使用 Dreamweaver 创建课程网站的 HTML 模板。具体方法和步骤如下:

(1) 新建 HTML 模板。进入 Dreamweaver,确认当前本地站点是 courseWebsite 后,在菜单栏中选择"文件"|"新建"命令,会弹出"新建文档"对话框。如图 9-8 所示,在"新建文档"对话框的"类别"列表中选择"基本页",在"基本页"列表中选择"HTML 模板",在"文档类型"下拉列表中选择"XHTML 1.0 Strict"。然后单击"创建"按钮,即可新建 HTML 模

板,同时将打开文档窗口。

图 9-8　在"新建文档"对话框中新建 HTML 模板

（2）链接外部样式表。如图 9-9 所示,在 CSS 面板的右下角单击"附加样式表"按钮,会弹出"链接外部样式表"对话框。在"链接外部样式表"对话框中,单击"浏览"按钮。在弹出的"选择样式表文件"对话框中双击公共文件夹 css 中的 CSS 文档 default.css,即可返回"链接外部样式表"对话框。单击"确定"按钮,即可在 HTML 模板中链接 CSS 文档 default.css 中的外部样式表。

②指定外部样式表所在的CSS文档

①单击"附加样式表"按钮

图 9-9　链接外部样式表

此时,在 HTML 模板的头部将自动生成类似的 link 元素及其代码:

```
< link href = "file:///E|/Web Page/exercise/ch09/css/default.css" rel = "stylesheet" type =
"text/css" />
```

注意:

(1) 从本质上讲,HTML 模板也是一种 HTML 文档。因此,在 HTML 模板的头部也可以通过 link 元素链接 CSS 文档中的外部样式表。但与一般 HTML 文档不同的是,在 HTML 模板的基础上,还可以制作其他的 HTML 文档。

(2) 上述 link 元素的 href 属性值使用了绝对路径指向 CSS 文档 default.css。

(3) 插入 div 元素,布局网页版面。在文档窗口的"代码"视图中,将光标定位于 body 元素的开始标签与结束标签之间。在菜单栏中选择"插入"|"布局对象"|"Div 标签"命令,会弹出"插入 Div 标签"对话框。如图 9-10 所示,在"插入 Div 标签"对话框的"ID"下拉列表中选择 ID 选择器 container,然后单击"确定"按钮,即可在 body 元素内插入 id 属性值为 container 的 div 元素。

图 9-10　插入 div 元素

按照类似的操作方法,在 id 属性值为 container 的 div 元素内,依次插入 id 属性值为 charBanner、cartoonBanner、naviBar、mainContent 和 footer 的五个 div 元素。此时,在 HTML 模板的主体中,将自动生成如下代码:

```
< div id = "container">此处显示    id "container" 的内容
  < div id = "charBanner">此处显示    id "charBanner" 的内容</div>
  < div id = "cartoonBanner">此处显示    id "cartoonBanner" 的内容</div>
  < div id = "naviBar">此处显示    id "naviBar" 的内容</div>
  < div id = "mainContent">此处显示    id "mainContent" 的内容</div>
  < div id = "footer">此处显示    id "footer" 的内容</div>
</div>
```

注意: 上述代码及其顺序必须与网页版面布局中六个 div 盒子之间的关系相对应——container 盒子是最大、最外层的盒子。在 container 盒子内,从上到下依次包含 charBanner、cartoonBanner、naviBar、mainContent 和 footer 五个 div 盒子。

(4) 利用例 9-5 中制作的 GIF 动画和 SWF 动画文件,在该 HTML 模板中可以采用两种方法制作动画横幅。

① 利用 GIF 动画文件、使用 img 元素制作动画横幅。在文档窗口的"代码"视图中,选中 id 属性值为 cartoonBanner 的 div 元素中的文本内容"此处显示   id "cartoonBanner" 的内容"。在菜单栏中选择"插入"|"图像"命令,会弹出"选择图像源文件"对话框。如图 9-11 所示,在"选择图像源文件"对话框中选择公共文件夹 images 中的 GIF 动画文件 cartoonBanner.gif,然后单击"确定"按钮,会弹出"图像标签辅助功能属性"对话框。

图 9-11　利用 GIF 文件、使用 img 元素制作动画横幅

如图 9-12 所示,在"图像标签辅助功能属性"对话框的"替换文本"文本框中输入"GIF 动画横幅",然后单击"确定"按钮。

图 9-12　设置图像的替换文本

此时,在 id 属性值为 cartoonBanner 的 div 元素内将自动插入如下 img 元素及其代码:

```
< img src = "file:///E|/Web Page/exercise/ch09/images/cartoonBanner.gif" width = "800" height = "80" alt = "GIF 动画横幅" />
```

注意: 此时 img 元素的 src 属性值使用绝对路径指向 GIF 动画文件 cartoonBanner.gif。

② 利用 SWF 动画文件、使用 object 元素制作动画横幅。在文档窗口的"代码"视图中, 删除 id 属性值为 cartoonBanner 的 div 元素中的文本内容"此处显示 id "cartoonBanner" 的内容",并确认光标定位于该 div 元素内。在菜单栏中选择"插入"|"媒体"|"Flash"命令,会弹出"选择文件"对话框。如图 9-13 所示,在"选择文件"对话框中选择公共文件夹 media 中的 SWF 动画文件 cartoonBanner.swf,然后单击"确定"按钮,会弹出"对象标签辅助功能属性"对话框。

图 9-13 利用 SWF 文件、使用 object 元素制作动画横幅

在"对象标签辅助功能属性"对话框中单击"确定"按钮,此时在 id 属性值为 cartoonBanner 的 div 元素内将自动插入如下 object 元素及其代码:

```
< object classid = "clsid:D27CDB6E - AE6D - 11cf - 96B8 - 444553540000" codebase = "http://
download.macromedia.com/pub/shockwave/cabs/flash/swflash.cab♯version = 7,0,19,0" width =
"800" height = "80">
  < param name = "movie" value = "file:///E|/Web Page/exercise/ch09/media/cartoonBanner.swf" />
  < param name = "quality" value = "high" />
  < embed src = "file:///E|/Web Page/exercise/ch09/media/cartoonBanner.swf" quality = "high"
pluginspage = "http://www.macromedia.com/go/getflashplayer" type = "application/x - shockwave
- flash" width = "800" height = "80"></embed>
</object>
```

注意:在第一个 param 元素的 Value 属性值以及 embed 元素的 src 属性值中均使用绝对路径指向 SWF 动画文件 cartoonBanner.swf。

(5) 制作初步的水平导航条。如图 9-14 所示,在文档窗口的"代码"视图中,删除 id 属性值为 naviBar 的 div 元素中的文本内容,并确认光标定位于该 div 元素内。在菜单栏中选择"插入"|"标签"命令,会弹出"标签选择器"对话框。在"标签选择器"对话框的左边列表中依次展开"标记语言标签"|"HTML 标签"|"列表",再在右边列表中双击"ul",将弹出"标签编辑器"对话框,如图 9-15 所示。

在"标签编辑器"对话框中单击"确定"按钮,即可在 id 属性值为 naviBar 的 div 元素内插入 ul 元素,同时关闭"标签编辑器"对话框。

按照类似的操作方法,在 ul 元素内插入前后排列的四个 li 元素,并依次在每个 li 元素的开始标签和结束标签之间输入文本"课程介绍"、"课件下载"、"学习指南"和"JavaScript演示"。然后,按照如下方式,在 id 属性值为 naviBar 的 div 元素内编辑和排版 HTML代码:

图 9-14　插入 ul 标签(a)

图 9-15　插入 ul 标签(b)

```
<div id = "naviBar">
  <ul>
    <li>课程介绍</li>
    <li>课件下载</li>
    <li>学习指南</li>
    <li>JavaScript 演示</li>
  </ul>
</div>
```

（6）在 HTML 模板中设置可编辑区域。首先,切换到文档窗口的"设计"视图。在"设计"视图中删除 mainContent 盒子内的文本,并确认光标定位在其中。然后,在菜单栏中选择"插入"|"模板对象"|"可编辑区域"命令,将弹出一个"新建可编辑区域"对话框。在"新建可编辑区域"对话框中将可编辑区域的名称设定为 EditRegion,单击"确定"按钮,即可在mainContent 盒子内设置可编辑区域。如图 9-16 所示,除 mainContent 盒子内的可编辑区域外,HTML 模板的标题也属于可编辑区域。

（7）保存 HTML 模板。在菜单栏中选择"文件"|"保存"命令,会弹出"另存为模板"对话框。如图 9-17 所示,在"另存为"文本框中,将 HTML 模板的文件名设定为

图 9-16 在 HTML 模板中设置可编辑区域

MyTemplate。然后单击"保存"按钮,即可保存 HTML 模板。

图 9-17 保存 HTML 模板

注意:

(1) 在本地站点 courseWebsite 中保存第一个 HTML 模板时,Dreamweaver 会在站点根文件夹中自动创建公共文件夹 Templates,并将第一个 HTML 模板保存在公共文件夹 Templates 中。HTML 模板的扩展名为 dwt。

(2) 如图 9-18 所示,保存 HTML 模板后,其中指向 CSS 文档和 SWF 文件的路径将由绝对路径自动改为相对路径。

(3) 在 HTML 模板中,在注释<! -- TemplateBeginEditable name = " " -->和 <! -- TemplateEndEditable -->之间定义了可编辑区域。

```
<!DOCTYPE html PUBLIC "-//W3C//DTD XHTML 1.0 Strict//EN" "http://www.w3.org/TR/xhtml1/DTD/xhtml1-strict.dtd">
<html xmlns="http://www.w3.org/1999/xhtml">
<head>
<meta http-equiv="Content-Type" content="text/html; charset=gb2312" />
<!-- TemplateBeginEditable name="doctitle" -->
<title>无标题文档</title>
<!-- TemplateEndEditable -->
<!-- TemplateBeginEditable name="head" -->
<!-- TemplateEndEditable -->
<link href="../css/default.css" rel="stylesheet" type="text/css" />
</head>
<body>
<div id="container">此处显示 id "container" 的内容
  <div id="charBanner">此处显示 id "charBanner" 的内容</div>
  <div id="cartoonBanner">此处显示 id "cartoonBanner" 的内容
    <object classid="clsid:D27CDB6E-AE6D-11cf-96B8-444553540000" codebase=
"http://download.macromedia.com/pub/shockwave/cabs/flash/swflash.cab#version=7,0,19,0" width="800" height="80">
      <param name="movie" value="../media/cartoonBanner.swf" />
      <param name="quality" value="high" />
      <embed src="../media/cartoonBanner.swf" quality="high" pluginspage="http://www.macromedia.com/go/getflashplayer" type=
"application/x-shockwave-flash" width="800" height="80"></embed>
    </object>
  </div>
  <div id="naviBar">
    <ul>
      <li>课程介绍</li>
      <li>课件下载</li>
      <li>学习指南</li>
      <li>JavaScript演示</li>
    </ul>
    <div id="mainContent"><!-- TemplateBeginEditable name="EditRegion" -->EditRegion<!-- TemplateEndEditable --></div>
    <div id="footer">此处显示 id "footer" 的内容</div>
</div>
</body>
</html>
```

图 9-18   HTML 模板及其格式

9.8   运用模板制作网页

显然，在 HTML 模板基础上可以快速地制作网页。

【例 9-8】   使用 Dreamweaver，在 HTML 模板基础上制作"课程介绍"网页。具体方法和步骤如下：

（1）新建 XHTML 文档。进入 Dreamweaver 后，在菜单栏中选择"文件"|"新建"命令，会弹出"新建文档"对话框。如图 9-19 所示，在该对话框中选择"模板"选项卡，然后在左边的"模板用于"列表中选择站点"courseWebsite"，在中间列表中选择模板"MyTemplate"，并确认选中右下角的"当模板改变时更新页面"选项。然后单击"创建"按钮，即可以模板 MyTemplate 为基础新建 XHTML 文档。此时，Dreamweaver 会自动打开文档窗口，并切换到文档窗口的"设计"视图。

图 9-19   新建 XHTML 文档

如图 9-20 所示,id 属性值为 container、charBanner、cartoonBanner、naviBar、mainContent 和 footer 六个 div 元素盒子按照 HTML 模板中的版面布局自动添加到新建网页中。其中,HTML 文档头部的标题以及 id 属性值为 mainContent 的 div 元素盒子内部属于可编辑区域。

图 9-20 网页中的可编辑区域

(2) 在可编辑区域中添加网页的专有内容。首先,在文档工具栏的“标题”文本框中输入文本“课程介绍”,以设置网页标题。然后,在 mainContent 盒子的可编辑区域中删除多余文本“EditRegion”,并将在例 9-3 中准备好的文字从文本文件“9-1.txt”中复制到该可编辑区域。

(3) 设置段落。首先,切换到文档窗口的“代码”视图。然后,按照图 9-21 所示,在 mainContent 盒子的可编辑区域中删除多余的 br 元素及其标签,并确认正确添加和使用三个 p 元素。这样,可以将可编辑区域中的整个文本划分为三个段落。

图 9-21 使用 p 元素将整个文本分段

注意：在基于 HTML 模板创建的网页中，只能在可编辑区域中编辑 XHTML 文档。在可编辑区域之外，不能对 XHTML 文档进行编辑或修改。

（4）保存 XHTML 文档。在菜单栏中选择"文件"|"保存"命令，在弹出的"另存为"对话框中选定并确认本地站点 courseWebsite 的根文件夹，指定 XHTML 文档的文件名"index.htm"。然后单击"保存"按钮，即可保存 XHTML 文档及其中的 HTML 代码。

注意：通常情况下，将网站的首页（Home Page）保存在站点的根文件夹中，并且将该首页对应的 HTML 文档名设定为 index.htm，而其他的 HTML 文档则保存在公共文件夹 html 中。

（5）在 Web 浏览器中预览网页。如图 9-22 所示，在文档工具栏中单击"在浏览器中预览/调试"按钮，然后在弹出的快捷菜单中选择相应的"预览在…"命令，即可在 Web 浏览器中预览网页。

图 9-22　在 Web 浏览器中预览网页

在 IE 8 中呈现的"课程介绍"网页如图 9-23 所示。

图 9-23　"课程介绍"网页

【例 9-9】　使用 Dreamweaver,在 HTML 模板基础上制作"课件下载"网页,如图 9-24 所示,然后将该网页的 XHTML 文档保存在本地站点的公共文件夹 html 中,并命名为 download.htm。要求在网页中创建表格,并在表格中创建指向在例 9-4 中制作的九个 PowerPoint 文件(ch01.ppt～ch09.ppt)的文本超链接。

图 9-24　"课件下载"网页

"课件下载"网页的主要制作方法和步骤如下:

(1) 在可编辑区域中插入表格。首先,在 HTML 模板 MyTemplate 基础上新建 XHTML 文档,在"设计"视图中将光标定位于 mainContent 盒子的可编辑区域并删除其中的文本。然后,在菜单栏中选择"插入"|"表格"命令,会弹出"表格"对话框。如图 9-25 所示,在该对话框中设置相关的"表格"参数和属性,再单击"确定"按钮,即可在可编辑区中插入表格。

图 9-25　设置"表格"参数和属性

然后,按照图 9-24 在表格中输入相关文本并调整表格的列宽。

(2)设置网页标题。如图 9-26 所示,在文档工具栏的"标题"文本框中输入文本"课件下载"。然后,将 XHTML 文档保存在本地站点的公共文件夹 html 中,并命名为 download.htm。

(3)在文本上创建超链接。如图 9-26 所示,首先,在表格里选中第 1 章对应的"下载"。然后,将鼠标指针从属性检查器中的"指向文件"按钮拖曳到"文件"面板中的 PowerPoint 文件(ch01.ppt),再释放鼠标左键,即可在文本"下载"上创建指向课件的超链接。同时,在 XHTML 文档中对应的 td 元素内自动生成如下代码:

```
<td><a href = "../files/ch01.ppt">下载</a></td>
```

其中,a 元素的 href 属性值使用相对路径指向 PowerPoint 文件(ch01.ppt)。

图 9-26 在文本上创建超链接

按照类似的操作方法,创建指向每章课件的超链接。完成后再次保存 XHTML 文档。

【例 9-10】 (由学生自己完成)使用 Dreamweaver,在 HTML 模板基础上制作"学习指南"网页。然后,将该网页的 XHTML 文档保存在本地站点的公共文件夹 html 中,并命名为 reference.htm。要求在网页中向学生提供相关的开放式课程网站链接,这些开放式课程网站及其网址见表 9-1。

表 9-1 开放式课程网站及其网址

网 站 名 称	网 址
w3school 在线教程	www.w3school.com.cn
HTML 4.01 Specification	www.w3.org/TR/1999/REC-html401-19991224
XHTML 1.0 (Second Edition)	www.w3.org/TR/2002/REC-xhtml1-20020801
CSS 2.1 Specification	www.w3.org/TR/2011/REC-CSS2-20110607
ECMAScript Language Specification	www.ecma-international.org/publications/standards/Ecma-262.htm

"学习指南"网页如图 9-27 所示。

图 9-27 "学习指南"网页

9.9 通过 HTML 模板维护网站

如图 9-23、图 9-24 和图 9-27 所示，"课程介绍"、"课件下载"和"学习指南"三个网页有着相同的版面布局——在三个网页中，charBanner、cartoonBanner、naviBar 和 footer 四个 div 盒子矩形区域的尺寸及其中的内容都是一样的。三个网页的差别只在于网页标题和可编辑区域（mainContent 盒子矩形区域）中的内容不同，这是因为三个网页都是在同一个 HTML 模板（MyTemplate.dwt）基础上制作的。而且，在 HTML 模板（MyTemplate.dwt）基础上制作网页时，只能设置网页标题和在 mainContent 盒子中的可编辑区域内添加新的网页内容。

对于在同一个 HTML 模板基础上制作的多个网页，通过修改 HTML 模板即可同时修改这些网页。这样，可以大大提高网站的维护效率。

【例 9-11】 通过修改 HTML 模板（MyTemplate.dwt）修改"课程介绍"、"课件下载"和"学习指南"三个网页。具体方法和步骤如下：

（1）重新打开 HTML 模板。进入 Dreamweaver 后，在文件面板中双击公共文件夹 Templates 中的 HTML 模板 MyTemplate.dwt，即可在文档窗口中重新打开该 HTML 模板。

（2）删除无用内容。在每个 div 元素盒子内删除"此处显示 id "××××××" 的内容"等文本。

（3）制作文字横幅。在 id 属性值为 charBanner 的 div 元素盒子内输入文本"Web 标准网页设计原理与制作技术"。

（4）制作网页底部。在 id 属性值为 footer 的 div 元素盒子内输入文本"Copyright @ 2010-2012《网页设计与制作》课程建设小组"。

（5）完成水平导航条的制作。如图 9-28 所示，在 id 属性值为 naviBar 的 div 元素盒子内选中文本"课程介绍"。然后，将鼠标指针从属性检查器中的"指向文件"按钮拖曳到"文件"面板中的 HTML 文件（index.html），再释放鼠标左键，即可在文本"课程介绍"上创建指向网页（index.html）的超链接。按照类似的操作方法，在 naviBar 盒子内的文本"课件下载"和"学习指南"上创建指向对应网页 download.htm 和网页 reference.htm 的超链接。

图 9-28　制作水平导航条

切换到"代码"视图，可以发现，在 ul 元素的前三个 li 子元素内都自动插入了 a 元素及其相应代码，如下所示：

```
<ul>
  <li><a href = "../index.htm">课程介绍</a></li>
  <li><a href = "../html/download.htm">课件下载</a></li>
  <li><a href = "../html/reference.htm">学习指南</a></li>
  <li>JavaScript 演示</li>
</ul>
```

（6）保存对 HTML 模板的修改。在菜单栏中选择"文件"|"保存"命令，会弹出"更新模板文件"对话框。如图 9-29（a）所示，由于 index.html、reference.htm 和 download.htm 三个 HTML 文件都是在 HTML 模板 MyTemplate.dwt 基础上创建的，所以，Dreamweaver 会提示"要基于此模板更新所有文件吗？"。在"更新模板文件"对话框中单击"更新"按钮，会弹出"更新页面"对话框。如图 9-29（b）所示，在"更新页面"对话框中单击"关闭"按钮，即可保存对 HTML 模板的修改，同时自动完成对 index.html、reference.htm 和 download.htm 三个 HTML 文件的代码更新。

(a)

(b)

图 9-29　保存对 HTML 模板的修改

再次打开"学习指南"网页（reference. htm），网页中的内容会发生变化。如图 9-30 所示，不仅文字横幅和网页底部的文字发生了改变，而且单击水平导航条中的文本超链接，可以打开"课程介绍"（index. htm）和"课件下载"（download. htm）网页。

图 9-30 更新后的"学习指南"网页

9.10 通过 CSS 文档定制网站风格

如前所述，CSS 文档中的 ID 选择器与 XHTML 文档中的 div 元素相结合，能够实现网页的版面布局。此外，通过 CSS 文档中的外部样式表还可以定制网站风格。

【例 9-12】 通过修改 CSS 文档（default. css）中的外部样式表定制网站 courseWebsite 的风格。具体方法和步骤如下：

（1）打开在例 9-6 中已创建的 CSS 文档（default. css），准备对其修改。

（2）增加全局 CSS 定义。在外部样式表中增加以下三条 CSS 规则：

```
body { background-color:#FCF;  font-family:"楷体_GB2312"; }
table { margin:20px auto; border-collapse:collapse; }
th, td { padding:8px 16px;  border:1px solid; }
```

这三条 CSS 规则是对全局共用的 body、table、th 和 td 元素进行定义，无论这些元素出现在任何 HTML 文件中的任何地方，都将使网页表现出统一的风格。例如，第一条 CSS 规则定义了网页的背景颜色以及网页中的文本字体；在第二条 CSS 规则中，特性声明 border-collapse:collapse 定义合并式的表格边框（使边框变为一条实线），特性声明 margin:20px auto 能够使表格水平居中。在第三条 CSS 规则中，特性声明 border:1px solid 定义了表头和数据单元格的边框宽度（1px）和边框样式（solid 代表实线）。

（3）将 CSS 规则

```
#footer { width:800px;   height:20px; background-color:#FF9; }
```

修改为

```
#footer { width:780px;   height:20px;   padding:10px;   background-color:#FF9;   text-
align:center; }
```

在新 CSS 规则中,特性声明 text-align:center 能够使网页底部 footer 盒子中的文本
"Copyright @ 2010-2012《网页设计与制作》课程建设小组"水平居中。特性声明 padding:
10px 能够使 footer 盒子中的文本距离边框有 10px 的空间。width 特性值的 780px 与
padding 特性值的 10px,能够使 footer 盒子的横向尺寸恰好为 800px。

(4) 保存对 CSS 文档(default.css)的修改,然后使用 Web 浏览器重新打开"学习指南"
(reference.htm)网页。该网页的显示效果如图 9-31 所示。

图 9-31   修改 CSS 文档后的"学习指南"网页

9.11   规范化 HTML 文档

Dreamweaver 是一个具有可视化编程功能的网页制作工具。在 Dreamweaver 中,网页
制作者使用菜单命令以及各种对话框,能够快速和自动地生成大量 HTML 代码,但这些代
码不一定完全符合 Web 标准。尤其对于 Strict 类型的 XHTML 文档,在由 Dreamweaver
自动生成的 HTML 代码中可能会出现一些不符合语法规范的代码。

例如,在上述"课件下载"网页(download.htm)中会出现如下 HTML 代码:

```
< table width = "670" border = "1">
  < tr >
    < th width = "425" scope = "col">章 节</th>
    < th width = "115" scope = "col">教学课件</th>
    < th width = "108" scope = "col">网页素材</th>
  </ tr >
  … …
</ table >
```

其中,在 table 和 th 元素的开始标签中使用了 width、border 或 scope 等表现性属性,而这与 "内容和结构与表现相分离"的 Web 标准与原则相冲突。另一方面,表现性属性的功能可以 使用样式表及 CSS 规则来替代,而且使用样式表及 CSS 规则还能实现更丰富的表现。例 如,在例 9-12 中向 CSS 外部样式表增加了如下 CSS 规则:

```
th, td { padding:8px 16px;   border:1px solid; }
```

该 CSS 规则中的特性声明(border:1px solid)可以替代 table 元素开始标签中的 border 属性。同理,HTML 元素开始标签中的 width 属性也可以用样式特性 width 替代。因此, 可以将上面一段 HTML 代码改写为:

```
< table >
  < tr >
    < th>章 节</th>
    < th>教学课件</th>
    < th>网页素材</th>
  </ tr >
  … …
</ table >
```

显而易见,改写后的 HTML 代码体现和遵循了"内容和结构与表现相分离"的 Web 标 准与原则,因此也更加规范。也正是由于"内容和结构与表现相分离",使得这段 HTML 代 码显得更加简洁,更具有可读性。

9.12　网页测试

在 WWW 技术中,Web 浏览器负责对 HTML、CSS 和 JavaScript 等文档中代码的解释 执行,并最终生成显示在屏幕上的网页。

但不同厂商的 Web 浏览器对网页代码的解释执行存在较大的差异性。在 IE 浏览器中 显示正常的网页,在 Chrome 浏览器中也许不能正常显示。即使是同一个厂商不同版本的 Web 浏览器,对同一个 HTML 文档的解释执行也可能是不一样的。在 IE 8 中能够正常显 示的网页,在 IE 6 中完全有可能无法正常显示。

因此,在网页制作完成后,需要用不同厂商或同一厂商不同版本的多个 Web 浏览器来 对其进行测试。如果网页能够在不同厂商、不同版本的 Web 浏览器中正常显示,网页制作 才算最终完成。否则,就需要对 HTML 和 CSS 文档中的代码进行修改,然后对网页进行重新测试,直至网页全部正常显示。

根据 StatCounter 公司 2012 年 4 月的统计数据,在中国使用的各版本 Web 浏览器中,市场份额从高到低依次是 IE 8(39.31%)、IE 6(23.24%)、IE 9(9.44%)、IE 7(4.28%)、Chrome 17(3.11%)、Chrome 14(2.3%)、Maxthon 1(2.15%)。为此,不妨选用 IE 8、IE 6 和 Chrome 17 作为测试网页的基准 Web 浏览器。

9.13　小结

网站建设需要做的工作很多,图 9-32 简要说明了使用 Dreamweaver 创建本地站点和进行网站建设的工作流程。

在网站建设过程中使用 HTML 模板,可以提高网页制作效率。

图 9-32　创建本地站点和进行网站建设的工作流程

在网页中插入 GIF 图片(包括 GIF 动画)有两种方法。

第一种方法是在样式表的 CSS 规则中使用 background-image 特性。具体代码如下:

```
#cartoonBanner { background - image:url("../images/cartoonBanner.gif"); … }
```

第二种方法是在 HTML 模板或 HTML 文档中使用 img 元素。具体代码如下:

```
< img src = "../images/cartoonBanner.gif" alt = " " />
```

在网页中插入 SWF 动画,需要在 HTML 模板或 HTML 文档中使用 object 元素。

9.14　习题

1. 分别使用以下三种不同方法制作本章课程网站的动画横幅。(1)在外部样式表的 CSS 规则中,使用 background-image 特性插入 GIF 动画。(2)在 HTML 模板或 HTML 文档中,使用 img 元素插入 GIF 动画。(3)在 HTML 模板或 HTML 文档中,使用 object 元素插入 SWF 动画。

2. 按照图 9-33 中的要求,进一步修改 CSS 文档(default.css)中的外部样式表。

①将文字横幅中的文本设置为40px、粗体、居中、绿色,且距离charBar盒子边界20px

②将段落的首行缩进设置为两个字符

图 9-33　进一步修改 CSS 文档的要求

3. 对本章各例中的网页及其 XHTML 文档进行规范化修改。

4. 为本课程网站设计一个 LOGO,以体现本课程的主旨、或突出 Web 标准的精髓,然后将该 LOGO 加入课程网站。

第10章

JavaScript 基础

JavaScript 是目前万维网上最流行的脚本语言(Script Language)。JavaScript 使 Web 浏览器及客户机端(Client-Side)具备了编写和运行程序的能力。使用 JavaScript,可以向 HTML 文档写入 HTML 代码、验证表单数据、创建 Cookie 和为 WWW 页面添加动态特性。

10.1 JavaScript 放置

JavaScript 既可以出现在 HTML 文档的主体或头部,也可以单独保存在外部脚本文档中。

10.1.1 在 HTML 文档主体直接插入 JavaScript

使用 script 元素,可以在 HTML 文档主体直接插入 JavaScript。在 JavaScript 中,可以向 HTML 文档写入包括元素标签和文本内容在内的 HTML 代码。

【例 10-1】 在 Web 浏览器中输出乘法表。XHTML 及 JavaScript 代码如下:

```
<!DOCTYPE html PUBLIC " – //W3C//DTD XHTML 1.0 Strict//EN"
  "http://www.w3.org/TR/xhtml1/DTD/xhtml1 – strict.dtd">
< html xmlns = "http://www.w3.org/1999/xhtml">
< head >
  < meta http – equiv = "Content – Type" content = "text/html; charset = gb2312"/>
  <title>在 HTML 文档主体直接插入 JavaScript</title>
</head>

< body >
  < script type = "text/javascript">
    var i,j
    //使用 document 对象的 write 方法,可以向 HTML 文档写入元素标签和文本内容
    document.write("< h1 >乘法表</h1 >")
    for(i = 1;i < = 9;i++){
      for(j = 1;j < = i;j++){
        document.write(i + " ∗ " + j + " = " + i ∗ j + " ")
      }
      document.write("< br/>")
    }
```

```
    </script>
  </body>
</html>
```

注意：

（1）在 HTML 文档主体插入 JavaScript，需要使用 script 元素，并在其开始标签中将 type 属性值设置为 text/javascript。这样，开始标签<script type="text/javascript">和结束标签</script>就可以告诉 Web 浏览器 JavaScript 从何处开始、在何处结束。

（2）在 JavaScript 中，变量名的书写必须遵循以下两条规则：①变量名是大小写敏感的。例如，x 和 X 代表两个不同的变量。②变量名必须以字母、下划线(_)或美元符号($)开始。

（3）在 JavaScript 中，使用保留字 var 定义变量。定义变量时，无须指明变量的数据类型。

（4）document 是 JavaScript 中的常用对象。使用该对象的 write 方法，可以向 HTML 文档写入包括元素标签和文本内容在内的 HTML 代码，这些 HTML 代码能被 Web 浏览器解析并在 Web 浏览器中进行相应的输出。

（5）在 HTML 文档主体插入的 JavaScript，当 Web 浏览器加载 HTML 文档时就会被执行。

（6）在 JavaScript 中，可以由多条语句组成语句块。语句块以左花括号开始，以右花括号结束。

（7）为了增强代码的可读性，在 JavaScript 中可以添加单行注释或多行注释。单行注释以//开始，多行注释以 /* 开头、以 */ 结尾。

（8）利用 Web 浏览器的漏洞编制的一些恶意 JavaScript 可能会威胁网页浏览者的计算机系统。因此，在加载含有 JavaScript 的 HTML 文档时，安全级别设置较高的 Web 浏览器会阻止 JavaScript 代码的运行，如图 10-1 所示。这时，可以单击提示信息栏并在弹出的快捷菜单中选择"允许阻止的内容"命令，然后在弹出的"安全警告"对话框中单击"是"按钮，即可运行 HTML 文档中的 JavaScript。

图 10-1 含有 JavaScript 的 HTML 网页被 IE 浏览器阻止

（9）在 Web 浏览器中输出的乘法表如图 10-2 所示，但虚线中的个别等式还需前后对齐。

图 10-2　在 Web 浏览器中输出乘法表

（10）虽然可以使用记事本（notepad.exe）软件编辑 HTML 代码和 JavaScript，但仍然建议使用 Dreamweaver 软件。如图 10-3 所示，在 Dreamweaver 软件的 HTML 编辑器中输入 JavaScript 时，容易根据特定代码之间的颜色差异发现一些明显的 JavaScript 语法错误。

图 10-3　使用 Dreamweaver 软件编辑 JavaScript 代码

10.1.2 在 IE 浏览器中调试 JavaScript

从 IE 8 开始,微软在 IE 浏览器中内置了一个 JavaScript 调试器(Debugger),但在默认状态下该调试器是关闭的。可以按照以下步骤启动 IE 浏览器内置的 JavaScript 调试器。

(1) 在 IE 浏览器的菜单中选择"工具"|"Internet 选项"命令,打开"Internet 选项"对话框。

(2) 如图 10-4 所示,在"Internet 选项"对话框中单击"高级"选项卡,取消"浏览"部分中"禁用脚本调试(Internet Explorer)"复选框的选择。然后单击下方的"确定"按钮,即可启动 IE 浏览器内置的 JavaScript 调试器。

图 10-4 启动 IE 浏览器内置的 JavaScript 调试器

启动 IE 浏览器内置的 JavaScript 调试器后,有两种方式打开用于调试 JavaScript 的"开发人员工具"窗口。

方式一:如果在 JavaScript 中存在一些明显的语法错误,则用 IE 浏览器打开 HTML 文档时,会自动出现"网页错误"对话框,如图 10-5 所示。在"网页错误"对话框中单击"是"按钮,即可以打开"开发人员工具"窗口。

图 10-5 "网页错误"对话框

如图 10-6 所示,在"开发人员工具"窗口的"脚本"选项卡中将直接指示错误出现的位置并给出相关的错误提示。根据这些错误提示,可以在 JavaScript 编辑器中修改错误代码,然后用 IE 浏览器重新打开网页,或在 IE 浏览器中"刷新"网页。

图 10-6　在"脚本"选项卡中直接指示错误出现的位置并给出相关的错误提示

方式二:如果在 JavaScript 中不存在语法错误,则打开相关 HTML 文档后,在 IE 浏览器的菜单中选择"工具"|"开发人员工具"命令(或直接单击 F12 键),也可以打开"开发人员工具"窗口。

在"开发人员工具"窗口中,可以对 JavaScript 代码设置断点、启动调试和查看局部变量的当前值。如图 10-7 所示,在"开发人员工具"窗口中单击"脚本"选项卡,可以在左边面板中看到 JavaScript。

图 10-7　在"开发人员工具"窗口中调试 JavaScript

(1)设置断点。在"开发人员工具"窗口的左边面板中,单击 JavaScript 代码行左侧的行号,即可在当前 JavaScript 代码行设置断点。此时,在 JavaScript 代码行号的左侧会出现一个标识断点的红色圆点。

（2）启动调试。在"开发人员工具"窗口的工具栏中，单击"启动调试"按钮，即可启动 JavaScript 的调试，同时"启动调试"按钮转换为"停止调试"按钮。如果在启动调试之前预先设置了断点，JavaScript 会于断点所在代码行自动暂停执行。

（3）查看局部变量的当前值。在 JavaScript 于断点所在代码行暂停执行后，在"开发人员工具"窗口的右边面板中单击"局部变量"选项卡，即可查看局部变量的当前值。

注意： 如果已经"停止调试"，必须在 IE 浏览器中"刷新"网页，之后才能再次调试 JavaScript。

10.1.3 JavaScript 函数

在程序设计中，函数（Function）是一个具有可重用特性的语句块，可反复用来完成某个特定功能。

通常将需要反复执行的多条语句组织在一个函数中，并在需要时通过函数调用执行其中的语句。因此，函数能够实现程序设计的模块化。

JavaScript 既提供系统预先定义的函数，也允许用户根据需要自行定义函数。

在 JavaScript 中，可以按照以下语法定义函数：

```
function function_name(arg1,arg2,…,argN){
  statements
    [return expression ]
}
```

其中，function 是 JavaScript 中用来定义函数的保留字。function_name 是函数的名称。argX 称为参数变量，也称"形式参数"。一个函数可以没有形式参数，也可以有多个形式参数。arg1，arg2，…，argN 是形式参数列表，形式参数之间用逗号隔开。在函数定义中声明形式参数时，无须指明形式参数的数据类型。statements 是由若干条语句组成的函数体。使用 return 语句（即代码 return expression）可以返回函数值，但 return 语句是可选项——如果省略 return 语句，则函数没有返回值。

10.1.4 在 HTML 文档头部定义 JavaScript 函数

除在 HTML 文档主体直接插入 JavaScript 外，也可以首先在 HTML 文档头部定义 JavaScript 函数，然后在 HTML 文档主体通过函数调用执行 JavaScript 函数中的语句。

【例 10-2】 在 HTML 文档头部定义函数 printMultiplicationTable，该函数能够在 Web 浏览器中输出乘法表，然后在 HTML 文档主体调用该函数。XHTML 及 JavaScript 代码如下：

```
<!DOCTYPE html PUBLIC " - //W3C//DTD XHTML 1.0 Strict//EN"
  "http://www.w3.org/TR/xhtml1/DTD/xhtml1 - strict.dtd">
< html xmlns = "http://www.w3.org/1999/xhtml">
< head >
  < meta http - equiv = "Content - Type" content = "text/html; charset = gb2312"/>
  < title >JavaScript 函数</title>
  < script type = "text/javascript">
```

```
      //在头部定义函数 printMultiplicationTable
      function printMultiplicationTable(){
        var i,j
        document.write("< h1 >乘法表</h1 >")
        for(i = 1;i < = 9;i++){
          for(j = 1;j < = i;j++){
            document.write(i + " * " + j + " = " + i * j + " ")
          }
          document.write("< br/>")
        }
      }
    </script >
  </head >
  < body >
    < script type = "text/javascript">
      //在主体调用函数 printMultiplicationTable
      printMultiplicationTable()
      //再次调用函数 printMultiplicationTable
      printMultiplicationTable()
    </script >
  </body >
  </html >
```

注意：

（1）在 Web 浏览器加载 HTML 文档时，会首先加载在头部定义的 JavaScript 函数及其中的语句。之后，在 HTML 文档主体即可通过函数调用执行 JavaScript 函数中的语句。

（2）在 HTML 文档头部定义 JavaScript 函数以及在 HTML 文档主体调用 JavaScript 函数，都需要使用 script 元素。

（3）通过调用 JavaScript 函数，在 HTML 文档主体可以多次执行函数中的 JavaScript 代码，而无须在 HTML 文档的多个地方重复相同的 JavaScript 代码。这样，不仅可以实现 JavaScript 的模块化设计，而且能够提高 JavaScript 的编程效率。

（4）在 HTML 文档头部定义的 JavaScript 函数 printMultiplicationTable 没有返回值，但可以实现打印乘法表的功能。

10.1.5　在外部脚本文档定义 JavaScript 函数

很多时候，需要在多个 HTML 文档中执行一组相同的 JavaScript 语句。此时，可以以函数形式将这些 JavaScript 语句组织起来并保存在一个以 js 为扩展名的脚本文档中。然后，在 HTML 文档中调用该外部脚本文档中的 JavaScript 函数。这样，在多个 HTML 文档中即可轻松地执行相同的 JavaScript 语句。

【例 10-3】　在 HTML 文档中调用外部脚本文档中的 JavaScript 函数。

（1）将以下 JavaScript 函数及其中的语句保存在脚本文档 10-3. js 中。

```
function printMultiplicationTable(){
  var i,j
```

```
document.write("< h1 >乘法表</h1 >")
for(i = 1;i < = 9;i++){
  for(j = 1;j < = i;j++){
    document.write(i + " * " + j + " = " + i * j + " ")
  }
  document.write("< br/>")
}
```

注意：

① 可以使用 Dreamweaver 软件的 JavaScript 编辑器来输入 JavaScript。与在 Dreamweaver 软件的 HTML 编辑器中输入 JavaScript 类似，在 JavaScript 编辑器中同样容易根据特定代码之间的颜色差异发现一些明显的 JavaScript 语法错误。

② 在外部脚本文档中无需使用、也不能使用 script 元素及其标签，且只能包含 JavaScript 函数及其中的语句。

③ 外部脚本文档的扩展名为 js，即 JavaScript 的缩写。

(2) 在 XHTML 文档 10-3. htm 中使用如下代码。

```
<!DOCTYPE html PUBLIC " - //W3C//DTD XHTML 1.0 Strict//EN"
  "http://www.w3.org/TR/xhtml1/DTD/xhtml1 - strict.dtd">
< html xmlns = "http://www.w3.org/1999/xhtml">
  < head >
    < meta http - equiv = "Content - Type" content = "text/html; charset = gb2312"/>
    < title >在 XHTML 文档中调用在外部脚本文档中定义的 JavaScript 函数</title>

    <! -- 在 script 元素的开始标签中使用 src 属性指向外部脚本文档 -->
    < script type = "text/javascript" src = "10-3. js"></script>
  </head>

  < body >
    < script type = "text/javascript">
      //调用在外部脚本文档中定义的 JavaScript 函数 printMultiplicationTable
      printMultiplicationTable()
    </script>
  </body>
</html>
```

说明：

① 在 HTML 文档头部使用 script 元素及其 src 属性，可以指向定义有 JavaScript 函数的外部脚本文档。这样，在 Web 浏览器加载 HTML 文档的同时，也将加载外部脚本文档中的 JavaScript 函数及其中的语句。

② 在 HTML 文档主体的 script 元素内，通过 JavaScript 函数名并提供相应的参数变量（也称实际参数），即可调用在外部脚本文档中定义的 JavaScript 函数并执行函数中的 JavaScript 语句。

10.2　变量和类型

在 JavaScript 中,变量和类型是两个非常基础的概念。

10.2.1　变量

同其他程序设计语言类似,在 JavaScript 中,变量(Variable)用于存储可以变化的数据。

在 JavaScript 中,使用保留字 var 定义变量。一个保留字 var 可以同时定义多个变量。

JavaScript 中变量名的书写必须遵循以下两条规则:(1)变量名是大小写敏感的。例如,x 和 X 代表两个不同的变量。(2)变量名必须以字母、下划线(_)或美元符号($)开始。

此外,当变量名由多个英文单词组成时,建议遵循以下原则:(1)变量名中的英文单词尽量使用名词。(2)第一个英文单词全部小写,以后每个英文单词的第一个字母大写,如 myBookName。

10.2.2　类型

在 JavaScript 中,变量或数据有五种原始类型(Primitive Type),它们是 undefined、object、boolean、string 和 number。每种类型代表不同性质的数据。

(1) undefined 类型。这种类型的值只有一个,即 undefined。当一个变量仅仅被定义、但还没有被赋值时,该变量的类型和值都是 undefined。

(2) object 类型。这种类型只有一个值,即 null。

(3) boolean 类型。这种类型有两个值,即 true 和 false。

(4) string 类型。这是一种没有固定大小的原始类型,并且这种类型的值由一个字符串构成。

(5) number 类型。这种类型支持整数和浮点数,并且这种类型的变量或数据可以参与算术运算。

在 JavaScript 中,使用 typeof 运算符可以返回变量的类型。

【例 10-4】　使用 typeof 运算符测试变量的类型。XHTML 文档主体中的 JavaScript 代码如下:

```
< script type = "text/javascript">
  var v1;          document.write("变量 v1 的类型为" + typeof(v1) + ",值是" + v1 + "< br/>");
  var v2 = null;   document.write("变量 v2 的类型为" + typeof(v2) + ",值是" + v2 + "< br/>");
  var b = true;    document.write("变量 b 的类型为" + typeof(b) + ",值是" + b + "< br/>");
  var s = "Java";  document.write("变量 s 的类型为" + typeof(s) + ",值是" + s + "< br/>")
  var n1 = 100;    document.write("变量 n1 的类型为" + typeof(n1) + ",值是" + n1 + "< br/>")
  var n2 = 3.14;   document.write("变量 n2 的类型为" + typeof(n2) + ",值是" + n2 + "< br/>")
</script >
```

使用 IE 浏览器打开网页后如图 10-8 所示。

注意:

(1) 在 JavaScript 中,使用保留字 var 定义变量时,无须指明变量的类型。因此,

图 10-8 变量的值及其类型

JavaScript 是一种弱类型语言。

（2）在 JavaScript 中，当 object 类型变量的值为 null 时，表示该变量没有指向任何对象。

（3）在 JavaScript 中，允许在同一行中书写多条语句。此时，除最后一条语句外，每条语句必须用分号（;）结束，但建议每条语句均以分号（;）结束。

10.3 运算符与表达式

同其他程序设计语言类似，在 JavaScript 中，也可以通过各种运算对数据进行加工和处理。用于描述各种运算的符号称为运算符，参与运算的数据称为操作数。常量和变量是最常见的操作数。使用操作数、运算符、函数调用以及配对的圆括号，可以构成表达式。在 JavaScript 中，依据操作数以及运算结果的类型，运算符和表达式通常分为以下几类。

1. 算术运算符与算术表达式

算术运算符负责算术运算。表 10-1 列出了 JavaScript 中常用的算术运算符。使用算术运算符可以构成算术表达式。参与算术运算的变量和数据应该属于 number 类型。

表 10-1 算术运算符与算术表达式

算术运算符	含　义	算术表达式（假设 $a=2$）	表达式的值
＋	加	$a+3$	5
－	减	$a-1$	1
*	乘	$a * 2$	4
/	除	$a/2$	1
％	取模（求余）	$a\%2$	0
++	自增	$a++,++a$	2,3
－－	自减	$a--,--a$	2,1

注意：自增（自减）运算符可以位于变量名之前，也可以位于变量名之后，但两种情况所构成表达式的值则不相同。并且，在自增（自减）运算之后，变量的值会自动增加（减少）1。

2．关系运算符与关系表达式

如表 10-2 所示，关系运算符(Relational Operators)负责判断两个值是否满足给定的比较关系。使用关系运算符可以构成关系表达式。

表 10-2　关系运算符与关系表达式

关系运算符	含　义	关系表达式(假设 x＝55,y＝88,z＝"55")	表达式的值
＝＝	是否等于	x＝＝y,x＝＝z	false,true
＝＝＝	是否全等	x＝＝＝z	false
！＝	是否不等于	x！＝y	true
！＝＝	是否不全等于	x！＝＝z	true
＞	是否大于	x＞y	false
＜	是否小于	x＜y	true
＞＝	是否大于等于	x＞＝y	false
＜＝	是否小于等于	x＜＝y	true

注意：

(1) 在关系表达式中，参与关系运算的操作数可以是 number 或 string 类型的变量或数据。

(2) 关系表达式的值是 boolean 类型，即 true 或 false。

3．逻辑运算符与逻辑表达式

如表 10-3 所示，逻辑运算符包括 &&(与)、||(或)和！(非)三种。参与逻辑运算的操作数通常是关系表达式，也可以是 boolean 类型的变量。使用逻辑运算符可以构成逻辑表达式

表 10-3　逻辑运算符及逻辑表达式

逻辑运算符	说　明	逻辑表达式(假设 x＝6,y＝3)	表达式的值
&&	与	(x＜10)&&(y＞1)	true
||	或	(x＝＝5)||(y＝＝5)	false
！	非	！(x＝＝y)	true

注意：与关系表达式类似，逻辑表达式的值也是 boolean 类型，即 true 或 false。因此，通常将关系表达式和逻辑表达式统称为布尔表达式。

4．字符串连接运算符

对于 string 类型的变量或数据，可以使用字符串连接运算符"＋"进行连接(Concatenation)运算，这样可以将两个字符串前后连接起来。例如，以下 JavaScript 代码

```
var s1 = "Java", s2 = "Script", s3;
s3 = s1 + s2;
document.write("s1 = " + s1 + "  s2 = " + s2 + "  s1 + s2 = " + s3 + "<br/>");
```

可以在 Web 浏览器中输出：

s1 = Java s2 = Script   s1 + s2 = JavaScript

注意：在上述 JavaScript 代码中，第 1、2、3、4、5、7 和 8 个"＋"是字符串连接运算符，第 6 个"＋"则不是字符串连接运算符。

5. 赋值运算符（Assignment Operators）

在 JavaScript 中，基本的赋值运算符是"＝"符号，用于将其右边表达式的值赋给左边的变量。此外，JavaScript 还支持带操作的赋值运算符，如表 10-4 所示。

表 10-4　赋值运算符

赋值运算符	赋值语句（x＝12,y＝5）	等价的赋值语句	运算结果
＝	x＝y		x＝5
＋＝	x＋＝y	x＝x＋y	x＝17
－＝	x－＝y	x＝x－y	x＝7
＊＝	x＊＝y	x＝x＊y	x＝60
/＝	x/＝y	x＝x/y	x＝2.4
%＝	x%＝y	x＝x%y	x＝2

由表可见，当赋值运算符左边的变量在赋值运算符右边也作为第一个操作数参与运算时，可以使用带操作的赋值运算符。

【例 10-5】 验证运算符与表达式。XHTML 文档主体中的 JavaScript 代码如下：

```
< script type = "text/javascript">
  var x = 12, y = 5
  x % = y
  document.write("x = " + x + "< br/>")
  x = y--
  document.write("x = " + x + "   y = " + y + "< br/>")

  var b1 = false, b2 = true
  b1 = b1&&b2;   document.write("b1 = " + b1 + "< br/>");

  var s1 = "Java", s2 = "Script"
  s1 + = s2 + x;   document.write("s1 = " + s1 + "< br/>");
</script>
```

上述 JavaScript 在 Web 浏览器中的输出如下：

```
x = 2
x = 5 y = 4
b1 = false
s1 = JavaScript5
```

注意：

（1）在 JavaScript 中，可以使用分号（;）表示一条语句的结束；如果每条语句都在不同的行中，那么分号（;）可以省略；如果多条语句在同一行中，除最后一条语句外，不能省略分号（;）。

（2）当表达式中只有 number 类型的变量或数据时，"＋"是一个算术运算符；当表达式中只有 string 类型的变量或数据时，"＋"则是一个字符串连接运算符。

（3）当表达式中既有 number 类型、又有 string 类型的变量或数据时，"＋"是一个字符串连接运算符。此时，表达式中 number 类型的数据会被隐式地转换为 string 类型的数据，然后参与字符串的连接运算。例如，在上述语句 s1＋＝s2＋x 中，number 类型的变量 x 就被隐式地转换为 string 类型的数据，然后参与字符串的连接运算。

6. 条件运算符（Conditional Operator）

条件运算符（？：）是 JavaScript 中常见的运算符，并且经常和赋值运算符共同构成赋值语句，其基本形式为：

```
variable = boolean_expression ? true_value : false_value;
```

该语句将根据布尔表达式 boolean_expression 的值有条件地为变量 variable 赋值。如果布尔表达式 boolean_expression 的值为 true，就把表达式 true_value 的值赋给变量 variable；如果布尔表达式 boolean_expression 的值为 false，就把表达式 false_value 的值赋给变量 variable。

在以下语句中，

```
var iMax = (iNum1 > iNum2) ? iNum1 : iNum2;
```

变量 iMax 将被赋予变量 iNum1 和 iNum2 中的较大值，即如果 iNum1 大于 iNum2，布尔表达式 iNum1＞iNum2 的值为 true，则把 iNum1 的值赋给变量 iMax；但如果 iNum2 大于或等于 iNum1，布尔表达式 iNum1＞iNum2 的值为 false，则把 iNum2 的值赋给变量 iMax。

上述 JavaScript 语句实际上等价于：

```
if (iNum1 > iNum2) iMax = iNum1;
else iMax = iNum2;
```

10.4　全局变量和局部变量

在 JavaScript 中，变量可以分为全局变量和局部变量。在函数外部定义的变量属于全局变量，反之，在函数内部定义的变量以及函数定义中的形式参数属于局部变量。全局变量既可以在函数外部赋值和引用，也可以在函数内部赋值和引用。局部变量只能在函数内部定义、赋值和引用，而不能在函数外部赋值和引用。

【例 10-6】　理解全局变量以及局部变量。XHTML 文档主体中的 JavaScript 代码如下：

```
<script type = "text/javascript">
  var v1 = 0;
  document.write("全局变量 v1 的初始值: " + v1 + "<br/>");

  function f1(){
    var v2 = 100;
```

```
    v1 = v1 + 1;
    document.write("局部变量 v2 的值: " + v2 + "< br/>");
  }

  f1();
  document.write("第一次函数调用后,全局变量 v1 的值: " + v1 + "< br/>");

  f1();
  document.write("第二次函数调用后,全局变量 v1 的值: " + v1 + "< br/>");

  //document.write("局部变量 v2 的值是" + v2 + "< br/>");     此条语句将出错
</script >
```

上述 JavaScript 在 Web 浏览器中的输出如下:

```
全局变量 v1 的初始值: 0
局部变量 v2 的值: 100
第一次函数调用后,全局变量 v1 的值: 1
局部变量 v2 的值: 100
第二次函数调用后,全局变量 v1 的值: 2
```

注意:

(1) 在 JavaScript 中使用变量时,应该遵循"首先定义,然后赋值,最后引用"的原则,也就是首先使用保留字 var 对变量进行定义,然后使用赋值运算符对变量赋值,这样才可以在之后的程序中引用变量。

(2) 在 JavaScript 中,也可以在定义变量的同时给变量赋值,例如 var v2＝100。

(3) 在 JavaScript 中,应该避免使用同名的全局变量和局部变量。

(4) 每次调用函数 f1,都会使全局变量 v1 的值加 1。而且每次调用函数 f1 之后,变量 v1 仍然存在。因此,多次调用函数 f1 能够使全局变量 v1 的值连续累加 1。

(5) 每次调用函数 f1,都将重新定义局部变量 v2,并对局部变量 v2 重新赋值 100。而且调用函数 f1 之后,局部变量 v2 就不再存在。因此,不能在函数 f1 的外部引用局部变量 v2。

10.5 数据类型转换

在 JavaScript 中,有时候需要将保存在某些变量中的数据转换为另一种类型的数据。

10.5.1 隐式数据类型转换

在 JavaScript 表达式中,如果 boolean 或 number 类型的变量或数据与 string 类型的变量或数据之间有运算符"＋",该运算符"＋"会被 Web 浏览器解析为字符串连接运算符。此时,表达式中 boolean 或 number 类型的数据会被隐式地转换为 string 类型的数据,然后参与字符串的连接运算。例如:

```
var b = true, n1 = 100, n2 = 3.14;
var s = "Java " + b + " " + n1 + " " + n2;
```

其中表达式"Java "+b+" "+n1+" "+n2 中的"+"就是字符串连接运算符。执行第 2 条语句后,string 类型变量 s 的值为"Java true 100 3.14"。

10.5.2　显式数据类型转换

与隐式数据类型转换相对应,JavaScript 提供预先定义的方法来实现显式数据类型转换。

在 JavaScript 中,boolean 或 number 类型的变量也可以作为一个对象,此时可以使用这些对象的 toString 方法将其中的数据显式地转换为字符串。例如:

```
var b = true,n1 = 100, n2 = 3.14;
var s = "JavaScript " + b.toString() + " " + n1.toString() + " " + n2.toString();
```

执行第 2 条语句后,string 类型变量 s 的值为"JavaScript true 100 3.14"。

【例 10-7】　将 boolean 或 number 类型的数据转换为字符串。XHTML 文档主体中的 JavaScript 代码如下:

```
< script type = "text/javascript">
  var b = true,n1 = 100, n2 = 3.14;
  var s = "Java " + b + " " + n1 + " " + n2;
  document.write("string 类型的变量 s 的值是: " + s + "< br/>");

  s = "JavaScript " + b.toString() + " " + n1.toString() + " " + n2.toString();
  document.write("string 类型的变量 s 的值是: " + s + "< br/>");
</script >
```

上述 JavaScript 在 Web 浏览器中的输出如下:

```
string 类型的变量 s 的值是: Java true 100 3.14
string 类型的变量 s 的值是: JavaScript true 100 3.14
```

相应地,使用函数 parseInt 或 parseFloat 可以将字符串显式地转换为整数或浮点数。

parseInt 函数会从左向右逐个字符解析整个字符串,具体过程如下:首先分析第一个字符,判断它是否是数字字符;如果该字符不是数字字符,该函数将停止解析字符串,并返回 NaN,表示"Not a Number";如果该字符是数字字符,该函数将继续逐个分析后续字符……这一过程将持续到发现非数字字符为止,此时该函数会把之前的数字字符串转换成相应的整数。

parseFloat 函数和 parseInt 函数的工作原理类似。

【例 10-8】　将字符串转换为整数或浮点数。XHTML 文档主体中的 JavaScript 代码如下:

```
< script type = "text/javascript">
  var s1 = "16", s2 = "1.6";
  var n = parseInt(s1) + parseInt(s2);
  document.write("number 类型变量 n 的值是: " + n + "< br/>");
  n = parseFloat(s1) + parseFloat(s2);
  document.write("number 类型变量 n 的值是: " + n + "< br/>");

  document.write("parseInt 的返回值是: " + parseInt("16sd") + "< br/>");
```

```
document.write("parseInt 的返回值是: " + parseInt("sd16") + "<br/>");

s1 = "1.6.7";
document.write("parseFloat(s1)的返回值是: " + parseFloat(s1) + "<br/>");
s1 = ".16sd";
document.write("parseFloat(s1)的返回值是: " + parseFloat(s1) + "<br/>");
s1 = "sd1.6";
document.write("parseFloat(s1)的返回值是: " + parseFloat(s1) + "<br/>");

document.write("parseInt 的返回值是: " + parseInt("016") + "<br/>");
document.write("parseInt 的返回值是: " + parseInt("0xA0") + "<br/>");
document.write("parseInt 的返回值是: " + parseInt("16",8) + "<br/>");
document.write("parseInt 的返回值是: " + parseInt("A0",16) + "<br/>");
document.write("parseInt 的返回值是: " + parseInt("A0") + "<br/>");
</script>
```

注意:

（1）如果字符串的第一个字符是 0，parseInt 函数会对其后的数字字符按照八进制进行解析，并将有效的数字字符转换为相应的十进制整数。如果字符串的前两个字符是 0x 或 0X，parseInt 函数则对其后的数字字符按照十六进制进行解析，并将有效的数字字符转换为相应的十进制整数。例如，parseInt("016")的返回值是 14，而 parseInt("0xA0")的返回值则是 160。

（2）调用 parseInt 函数时，也可以使用第二个参数指定某个进制，然后按照该进制对第一个参数中的字符串进行解析。例如，parseInt("16",8)将按照八进制解析字符串"16"，所以返回值是 14；而 parseInt("A0",16)将按照十六进制解析字符串"A0"，所以返回值是 160。

（3）如果没有使用第二个参数，则 parseInt 函数将按照十进制解析字符串。例如，parseInt("A0")将按照十进制解析字符串"A0"，所以返回值是 NaN。

10.6 JavaScript 中的流程控制语句

与 C 和 Java 等程序设计语言类似，JavaScript 支持结构化程序设计——不仅可以实现顺序结构（Sequential Structure）、选择结构（Selection Structure）和循环结构（Repetition Structure）等三种基本的程序结构，而且能够对程序流程进行选择控制和循环控制。

10.6.1 选择控制语句

选择结构又称分支结构，或选取结构。使用选择结构，能够在不同条件下执行相应的数据处理任务。选择结构又可进一步分为单分支、双分支和多分支等三种类型。其中，单分支和双分支选择结构与关系运算符、逻辑运算符以及布尔表达式密切相关。

在 JavaScript 中，单分支、双分支和多分支三种类型的选择结构分别使用 if、if-else 和 switch 三种选择控制语句实现。

使用 if 语句可以实现单分支选择结构，if 语句的语法格式如下：

```
if ( boolean_expression )
```

```
  statement | statement_block
```

其中，布尔表达式 boolean_expression 可以是表示简单条件的关系表达式，也可以是表示复合条件的逻辑表达式，用于控制选择结构中的程序流程。statement 表示一条语句，statement_block 表示用一对花括号“{”和“}”组合在一起的一组语句。这对花括号及其中的语句统称语句块（Statement Block）。

使用 if-else 语句可以实现双分支选择结构，if-else 语句的语法格式如下：

```
if ( boolean_expression )
  statement | statement_block
else
  statement | statement_block
```

使用 switch 语句可以实现多分支选择结构，switch 语句的语法格式如下：

```
switch ( integral_expression ){
  case integral_value1: statement1;
    break;
  case integral_value2: statement2;
    break;
  ......
  case integral_valuen: statementn;
    break;
  default: statement;
}
```

其中，integral_expression 可以是保存整数的变量，也可以是运算结果为整数的算术表达式。statement1、statement2、…、statementn 和 statement 可以是一条语句，也可以是一个语句块。

10.6.2　循环控制语句

在 JavaScript 中，循环控制语句主要有三种，分别是 while、do-while 和 for 语句。
while 语句的语法格式如下：

```
while ( boolean_expression )
  statement | statement_block
```

其中，布尔表达式 boolean_expression 可以是表示简单条件的关系表达式，也可以是表示复合条件的逻辑表达式，用于控制循环结构中的程序流程，因此也称循环控制条件。statement 表示一条语句，statement_block 表示一个语句块。statement 或 statement_block 统称为循环体。

while 语句的执行过程如下：在每次循环体开始之前判断一次布尔表达式 boolean_expression。如果布尔表达式 boolean_expression 的值为 true，就执行循环体中的语句，并反复循环；如果布尔表达式 boolean_expression 的值为 false，就终止执行 while 语句及其循环体中的语句，然后执行 while 语句后面的语句。

do-while 语句的语法格式如下：

```
do {
  statements;
} while ( boolean_expression )
```

花括号及其中的语句为循环体,布尔表达式 boolean_expression 是判断是否执行循环体的循环控制条件。

do-while 语句的执行过程如下:在每次循环体结束之后判断一次布尔表达式 boolean_expression。如果布尔表达式 boolean_expression 的值为 true,就会反复执行循环体中的语句;直到布尔表达式 boolean_expression 的值为 false,才会终止执行 do-while 语句及其循环体中的语句,然后执行 do-while 语句后面的语句。

while 语句和 do-while 语句的区别在于,while 语句是首先判断循环控制条件然后再执行循环体,如果第一次循环控制条件就不成立,则一次也不执行循环体;do-while 语句是首先执行一次循环体,然后再判断循环控制条件,因此,至少会执行一次循环体。

for 语句的语法格式如下:

```
for ( ForInit; boolean_expression; ForUpdate )
  statement | statement_block
```

其中,statement 表示一条语句,statement_block 表示一个语句块,两者统称循环体。布尔表达式 boolean_expression 是判断是否执行循环体的循环控制条件。

for 语句的执行过程如下:在第一次执行循环体之前,首先执行初始化语句 ForInit。接着测试循环控制条件,如果循环控制条件 boolean_expression 成立,就执行循环体。然后执行 ForUpdate,并再次测试循环控制条件,如果循环控制条件 boolean_expression 仍然成立,就继续执行循环体;否则,终止执行 for 语句及其循环体中的语句,然后执行 for 语句后面的语句。

【例 10-9】 for 语句、条件运算符和求余运算符的应用。XHTML 文档主体中的 JavaScript 代码如下:

```
< script type = "text/javascript">
  var pictureIndex = 0, previousPictureIndex;

  for(i = 1;i < = 100;i++){
    previousPictureIndex = (pictureIndex == 0)?3:(pictureIndex - 1);
    document.write("第" + i + "次循环: " + "pictureIndex = " + pictureIndex +
      ",previousPictureIndex = " + previousPictureIndex + "< br/>");
    pictureIndex = (pictureIndex + 1) % 4;
  }
</script >
```

以上 JavaScript 代码实现了一个 for 循环:第 1 次循环时,变量 pictureIndex 的值是 0,经过条件运算,变量 previousPictureIndex 的值变为 3,然后变量 pictureIndex 的值变为 1;第 2 次循环时,变量 pictureIndex 的值是 1,经过条件运算,变量 previousPictureIndex 的值变为 0,然后变量 pictureIndex 的值变为 2;……第 4 次循环时,变量 pictureIndex 的值是 3,经过条件运算,变量 previousPictureIndex 的值变为 2,然后变量 pictureIndex 的值变为 0;这样,第 5 次循环时又会出现第 1 次循环时的情况——变量 pictureIndex 的值是 0,经过条件运算,变量 previousPictureIndex 的值变为 3,然后变量 pictureIndex 的值变为 1；……如此反复,变量 pictureIndex 的值始终依次在 0、1、2 和 3 之间循环切换,而变量 previousPictureIndex 的值则相应地始终依次在 3、0、1 和 2 之间循环切换。

以上 JavaScript 代码的执行结果如下：

```
第 1 次循环：pictureIndex = 0, previousPictureIndex = 3
第 2 次循环：pictureIndex = 1, previousPictureIndex = 0
第 3 次循环：pictureIndex = 2, previousPictureIndex = 1
第 4 次循环：pictureIndex = 3, previousPictureIndex = 2
第 5 次循环：pictureIndex = 0, previousPictureIndex = 3
第 6 次循环：pictureIndex = 1, previousPictureIndex = 0
第 7 次循环：pictureIndex = 2, previousPictureIndex = 1
第 8 次循环：pictureIndex = 3, previousPictureIndex = 2
第 9 次循环：pictureIndex = 0, previousPictureIndex = 3
… …
```

10.7　小结

JavaScript 是一门轻量级的编程语言,具有短小精悍的特点,它使 Web 浏览器及客户机端具备了运行程序的能力。

JavaScript 的运行离不开 Web 浏览器,换而言之,JavaScript 不能脱离 Web 浏览器而独立运行。因此,Web 浏览器也被称为 JavaScript 的宿主环境(Host Environment)。

目前,任何一款版本较高的 Web 浏览器都带有 JavaScript 解释器。在每次运行 JavaScript 之前,都需要通过解释器将 JavaScript 翻译为计算机能够执行的机器代码。

JavaScript 可以出现在 HTML 文档的主体或头部,但更多的是以 JavaScript 函数的形式单独保存在外部脚本文档中。

出现在 HTML 文档主体或头部的 JavaScript 必须放在 script 元素内,但将 JavaScript 保存在外部脚本文档中则不能使用 script 元素。

出现在 HTML 文档头部和外部脚本文档中的 JavaScript 通常被放在 JavaScript 函数中,然后函数在 HTML 文档主体中调用。

定义在 HTML 文档头部的 JavaScript 函数只能在同一 HTML 文档中调用。定义在外部脚本文档中的 JavaScript 函数则可以被多个 HTML 文档调用,换而言之,在不同 HTML 文档中可以调用在同一个外部脚本文档中定义的 JavaScript 函数。

在 HTML 文档头部使用 script 元素及其 src 属性,可以指向定义有 JavaScript 函数的外部脚本文档。这样,在 Web 浏览器加载 HTML 文档的同时,也将加载外部脚本文档中的 JavaScript 函数及其中的语句。

JavaScript 是一种弱类型语言。在 JavaScript 中使用保留字 var 定义变量时,无须指明变量的类型。

在函数外部定义的变量属于全局变量,在函数内部定义的变量以及函数定义中的形式参数属于局部变量。全局变量既可以在函数外部赋值和引用,也可以在函数内部赋值和引用。局部变量只能在函数内部定义、赋值和引用,而不能在函数外部赋值和引用。

使用字符串连接运算符"+"，可以隐式地将 boolean 或 number 类型的数据转换为 string 类型的数据。在 JavaScript 中，boolean 或 number 类型的变量也可以作为一个对象，此时可以使用这些对象的 toString 方法将其中的数据显式地转换为字符串。使用 parseInt 或 parseFloat 函数则可以将字符串显式地转换为整数或浮点数。

JavaScript 支持结构化程序设计。在 JavaScript 中，使用 if、if-else 和 switch 语句可以分别实现单分支、双分支和多分支选择结构。使用 while、do-while 和 for 语句可以实现循环结构。

10.8 习题

1. 编写 JavaScript，验证表 10-1 中算术表达式的值。

2. 编写 JavaScript，验证表 10-2 中关系表达式的值。

3. 编写 JavaScript，验证表 10-3 中逻辑表达式的值。

4. 编写 JavaScript，验证表 10-4 中变量 x 的值。

5. 通过编程观察以下 JavaScript 在 Web 浏览器中的输出，然后分析每个"+"是算术运算符，还是字符串连接运算符。

```
var x = 12, y = 5;
document.write(x + y + "< br/>");
document.write("x = " + x + y + "< br/>");
```

如果在 Web 浏览器中输出"x=17"，应该如何改写最后一条语句？

6. 在例 10-1、例 10-2 和例 10-3 从 Web 浏览器输出的乘法表中（见图 10-2），虚线内的上下等式还需靠左对齐。为此，可以在输出每个等式后对其中的乘积进行判断，当乘积小于 10 时可以多输出一个空格。改写例 10-3 中函数 printMultiplicationTable 的代码，使乘法表中的所有上下等式均靠左对齐。

提示：在 HTML 文档及网页中，无间断空格使用字符名称   或实体编号   替代。

第11章 JavaScript 内置对象

如前一章所述,JavaScript 支持结构化程序设计,但它同时也是一种基于对象的脚本语言。在 JavaScript 中预先声明了一些系统类(类似于 Java 类库中的 public 类),这些系统类包括数组(Array)、布尔(Boolean)、日期和时间(Date)、函数(Function)、数学(Math)、数值(Number)、对象(Object)、正则表达式(RegExp)和字符串(String)等。在每个系统类中又预先定义了相应的属性(相当于 Java 语言中的实例变量)和方法。基于 JavaScript 系统类可以创建相应的内置对象(Built-in Objects),然后访问内置对象的属性,也可以通过内置对象调用在 JavaScript 系统类中预先定义的方法。本章主要介绍 JavaScript 中 Date 对象、String 对象、RegExp 对象和 Array 对象的创建和应用方法。

11.1 对象、属性和方法

和 Java、C++、C♯ 等面向对象的程序设计语言类似,在 JavaScript 中,可基于预先声明的系统类来创建对象。对象(Object)拥有属性(Property)和方法(Method)。属性描述了对象的一些基本特征,而方法则是能够在对象上执行的操作。

访问对象属性的基本语法是: objectName. propertyName。

访问对象方法的基本语法是: objectName. methodName。

11.2 Date 对象

在 JavaScript 中,使用 Date 对象存储和处理日期和时间。对于 Date 对象,可以使用表 11-1 中的方法处理日期和时间。

表 11-1 Date 对象的常用方法

方　法	作用及返回值
getFullYear	返回以四位数字表示的年份
getMonth	返回月份(0~11)。0 表示 1 月,1 表示 2 月,……依此类推,11 表示 12 月
getDate	返回一个月中的某一天(1~31)
getDay	返回一周中的某一天(0~6)。0 表示星期日,1 表示星期一,……依此类推,6 表示星期六
getHours	返回小时

续表

方 法	作用及返回值
getMinutes	返回分钟
getSeconds	返回秒
setDate	设置 Date 对象中月的某一天(1~31)
toGMTString	将日期/时间转换为格林尼治标准时间(Greenwich Mean Time,GMT)格式的字符串
toLocaleString	将时间/时间转换为当地格式的字符串,如"2013 年 3 月 18 日星期一 07:38:36"

【例 11-1】 在 JavaScript 中创建 Date 对象,并使用和验证 Date 对象的常用方法。XHTML 文档主体中的 JavaScript 代码如下:

```
< script type = "text/javascript">
//可以使用 new 运算符和以下多种构造函数创建 Date 对象
var today = new Date();                      //获取系统的当前日期和时间
//var today = new Date("November 11,2012");
//var today = new Date("November 11,2012 11:22:33");
//var today = new Date("11 November 2012");
//var today = new Date(2012,10,11,22,33,44);   //第二个参数 10 表示 11 月
//var today = new Date(2012,10,11);            //第二个参数 10 表示 11 月

var iYear = today.getFullYear();
var iMonth = today.getMonth() + 1;            //月份是从 0 开始的
var iDate = today.getDate();
var iDay = today.getDay();                    //周几是从 0 开始的,0 代表周日
var sDay = "";

switch(iDay){
  case 0:   sDay = "星期日";     break;
  case 1:   sDay = "星期一";     break;
  case 2:   sDay = "星期二";     break;
  case 3:   sDay = "星期三";     break;
  case 4:   sDay = "星期四";     break;
  case 5:   sDay = "星期五";     break;
  case 6:   sDay = "星期六";     break;
  default:   sDay = "error";
}

document.write("现在是" + iYear + "年" + iMonth + "月" + iDate + "日" + "," + sDay + "< br/>");

today.setDate(today.getDate() + 5);
document.write("5 天以后是: " + today.toLocaleString());
</script >
```

注意:

(1) 需要使用 new 运算符、并调用 Date 系统类的构造函数才能创建 Date 对象。构造函数是一种特殊的方法,必须与系统类同名。

(2) 在以上代码中,变量 today 用于指代 Data 对象,属于 object 类型。

(3) 代码 Date(2012,10,11,22,33,44) 和 Date(2012,10,11) 中,第二个参数 10 表示 11 月。

11.3　with 语句

在 JavaScript 中操作对象时，可以使用 with 语句。with 语句的语法格式如下：

```
with object {
    … …
}
```

with 语句的作用是，在该语句体内，任何对变量或方法的访问都被认为是这个对象的属性或方法。所有在 with 语句的花括号中的语句，都在 object 对象的作用域中。

例如，例 11-1 中的如下 JavaScript 代码：

```
var iYear = today.getFullYear()
var iMonth = today.getMonth() + 1                    //月份是从 0 开始的
var iDate = today.getDate()
var iHour = today.getHours()
var iMinute = today.getMinutes()
var iSecond = today.getSeconds()
```

可以使用 with 语句改写为：

```
with(today){
    var iYear = getFullYear()
    var iMonth = getMonth() + 1                      //月份是从 0 开始的
    var iDate = getDate()
    var iHour = getHours()
    var iMinute = getMinutes()
    var iSecond = getSeconds()
}
```

显然，在操作对象时使用 with 语句可以简化 JavaScript 代码。

11.4　String 对象

在 JavaScript 中，使用 String 对象可以存储和处理字符串。

11.4.1　创建 String 对象

与创建 Date 对象类似，需要使用 new 运算符、并调用 String 系统类的构造函数才能创建 String 对象。例如：

```
var idno = new String("511012196411111441X");   //变量 idno 用于存储身份证号码
```

在以上代码中，首先使用 new 运算符、并调用与 String 系统类同名的构造函数创建一个 String 对象。然后通过赋值运算符，使变量 idno 指代该 String 对象。因此，变量 idno 属于 object 类型。

11.4.2 String 对象的属性

每个 String 对象都拥有属性 length,该属性表示字符串的长度,即字符串中的字符个数。在 JavaScript 中,可以按照"String 对象名.length"的格式访问一个字符串的长度。例如,idno.length 就表示字符串 idno 的长度,即 idno 字符串中的字符个数。

以下 JavaScript 可以判断字符串 idno 中是否包含 18 个字符。

```
if (idno.length! = 18) document.write("身份证号码不是 18 位!");
else{
    …
}
```

11.4.3 String 对象的方法

对于 String 对象,可以使用表 11-2 中的方法处理其所存储的字符串。

表 11-2 String 对象的常用方法

方 法	作用及返回值	应 用 举 例
indexOf (substring, fromindex)	从 fromindex 指定的位置开始,检索子串 substring 在字符串中首次出现的位置。如果要检索的子串 substring 在字符串中没有出现,则返回 −1。如果省略 fromindex,则从字符串的首字符开始检索子串 substring	var email＝"a@b.cd" var atpos1＝email.indexOf("@") var atpos2＝email.indexOf("@",2) 执行上述 JavaScript 后,atpos1 的值是 1,atpos2 的值是−1
lastIndexOf (substring)	返回子串 substring 在字符串中最后出现的位置。如果要检索的子串 substring 在字符串中没有出现,则返回−1	var email＝"a@b.cd" var dotpos＝email.lastIndexOf(".") 执行上述 JavaScript 后,dotpos 的值是 3

search (substring)	在字符串中,检索指定的、或与正则表达式相匹配的子串 substring,并返回该子串 substring 在字符串中首次出现的位置。如果要检索的子串 substring 在字符串中没有出现,则返回−1	var s＝"Hello world!"
		document.write(s.search("Hello")) //显示 0
		document.write(s.search("world")) //显示 6
		document.write(s.search("World")) //显示 −1

substr (start,length)	在字符串中,从起始位置 start 开始提取指定长度 length 的子串	var idno＝"511012196411111441X" var birthdayYear＝idno.substr(6,4) 执行上述 JavaScript 后,birthdayYear 的值是 "1964"
substring (start,end)	在字符串中,从起始位置(start)开始、到终止位置(end−1)截止提取子串	var idno＝"511012196411111441X" var birthdayYear＝idno.substring(6,10) 执行上述 JavaScript 后,birthdayYear 的值是 "1964"

注意:

(1) 第 1 个字符在整个字符串中的位置为 0,第 2 个字符在字符串中的位置为 1,……,第 n 个字符在字符串中的位置为 $n-1$。

(2) 如果没有特别说明,检索或匹配的字符串是大小写敏感的。

11.4.4 String 对象与 string 类型的变量

在 JavaScript 中,String 对象和 string 类型的变量都可以用于存储和处理字符串。但是,String 对象是使用 new 运算符、并调用 String 系统类的构造函数创建的,String 对象拥有 length 属性,并且可以直接调用在 String 系统类中预先定义的方法。而 string 类型的变量则属于 string 基本数据类型。

在 JavaScript 中,string 类型的变量可以转换为 String 对象,同样拥有 length 属性,同样可以调用在 String 系统类中预先定义的方法。

【例 11-2】 String 对象和 string 类型的变量。XHTML 文档主体中的 JavaScript 代码如下:

```
<script>
    var idno1 = new String("51101219641111441X");   //18 个字符
    document.write("变量 idno1 的类型为" + typeof(idno1) + "<br/>");
    document.write("idno1.length = " + idno1.length + "<br/>");
    document.write("idno1.substring(6,10) = " + idno1.substring(6,10) + "<br/>");

    var idno2 = "51101219641111441";                //17 个字符
    document.write("变量 idno2 的类型为" + typeof(idno2) + "<br/>");
    document.write("idno2.length = " + idno2.length + "<br/>");
    document.write("idno2.substring(6,10) = " + idno2.substring(6,10) + "<br/>");
</script>
```

在以上代码中,idno1 是指代 String 对象的变量,属于 object 类型,拥有 length 属性,可以直接调用 substring 方法。idno2 则是 string 类型的变量,但可以当作 String 对象使用,因此可以拥有 length 属性,也可以调用 substring 方法。

实际上,在 JavaScript 中经常使用 string 类型的变量存储字符串,并通过 string 类型的变量调用在 String 系统类中预先定义的方法,同样可以完成字符串处理任务。

11.4.5 String 对象的应用

在计算机程序中,有时需要对具有特定规律或格式的字符串数据进行验证或处理。例如,在电子邮箱字符串中,必须包含 at 符号(@),并且 at 符号(@)不能是首个字符。此外,at 符号(@)之后至少间隔一个字符应该有一个句号(.)。

【例 11-3】 应用 String 系统类的 indexOf 和 lastIndexOf 方法验证电子邮箱字符串的格式有效性。XHTML 文档主体中的 JavaScript 代码如下:

```
<script>
    var email = "a@b.cd"
    //var email = "ab.cd"
    //var email = "@ab.cd"
    //var email = "a@bcd"
    atpos = email.indexOf("@")          //第 1 个 at 符号(@)在字符串 email 中的位置
    dotpos = email.lastIndexOf(".")     //最后 1 个句号(.)在字符串 email 中的位置
```

```
document.write(email + " " + "atpos:" + atpos + " " + "dotpos:" + dotpos)

  if (atpos < 1 || dotpos - atpos < 2) alert("电子邮箱无效!")
  else alert("电子邮箱有效!")
</script>
```

注意:

(1) 在上述 JavaScript 中,alert 是 JavaScript 提供的显示警告框函数。执行该函数时,会弹出一个警告框,并依据该函数的参数向用户显示一些信息,用户只有单击其中的"确定"按钮才能继续执行后面的 JavaScript。

(2) 如果布尔表达式 atpos<1 的值为 true,则表示电子邮箱字符串中或者不包含 at 符号(@),或者 at 符号(@)是首个字符。如果布尔表达式 dotpos-atpos<2 的值为 true,则表示电子邮箱字符串不符合规则"at 符号(@)之后至少间隔一个字符应该有一个句号(.)"。因此,如果整个布尔表达式 atpos<1 || dotpos-atpos<2 的值为 true,则表示"电子邮箱无效"。

【例 11-4】 定义 JavaScript 函数 validateEmail,该函数按照以下三条规则验证电子邮箱字符串的格式有效性:(1)电子邮箱字符串必须包含 at 符号(@)。(2)在电子邮箱字符串中,at 符号(@)不能是首个字符。(3)at 符号(@)之后至少间隔一个字符应该有一个句号(.)。

此外,对于函数 validateEmail 及其功能还有以下一些要求:(1)函数定义中的形式参数名使用 s_email,表示一个电子邮箱字符串。(2)如果电子邮箱字符串 s_email 符合上述三条规则,函数的返回值为 true,表示电子邮箱字符串的格式有效。否则,函数的返回值为 false,表示电子邮箱字符串的格式无效。

然后,用字符串数据 a@b. cd、ab. cd、@ab. cd 和 a@bcd 测试函数 validateEmail,以验证该函数及其返回值的正确性。

XHTML 及 JavaScript 代码如下:

```
<!DOCTYPE html PUBLIC " - //W3C//DTD XHTML 1.0 Strict//EN"
  "http://www.w3.org/TR/xhtml1/DTD/xhtml1 - strict.dtd">
<html xmlns = "http://www.w3.org/1999/xhtml">
  <head>
    <meta http - equiv = "Content - Type" content = "text/html; charset = gb2312" />
    <title>应用 String 系统类及其方法验证电子邮箱字符串的格式有效性</title>
    <script type = "text/javascript">
      //定义验证电子邮箱字符串格式有效性的函数 validateEmail
      function validateEmail(s_email){
        var atpos = s_email.indexOf("@")
        var dotpos = s_email.lastIndexOf(".")

        if (atpos < 1 || dotpos - atpos < 2) return false
        else return true
      }
    </script>
  </head>
  <body>
```

```
<script>
  var email = "a@b.cd"
  //var email = "ab.cd"
  //var email = "@ab.cd"
  //var email = "a@bcd"
  document.write("电子邮箱" + email)

  if (validateEmail(email)) document.write("通过验证!")
  else document.write("没有通过验证!")
</script>
</body>
</html>
```

11.4.6　正则表达式及其应用

除电子邮箱外,还有其他一些特殊用途的字符串数据同样要求具有特定规律或格式。例如,中国大陆的邮政编码必须是 6 个连续的数字字符,手机号码必须是 13 个连续的数字字符。又如,身份证号码包括 18 个字符,并且前 17 个字符必须是数字字符,最后 1 个字符必须是数字字符或大写字母 X。

在 JavaScript 中,可以使用正则表达式(Regular Expression)描述这些特殊用途的字符串数据所具有的特定规律或格式。在正则表达式中经常使用方括号,方括号用于查找某个范围内的字符,表 11-3 列出了方括号的基本用法。在正则表达式中也经常使用量词,表 11-4 列出了量词的基本用法。

表 11-3　方括号及其用法

表 达 式	用 法 描 述
[abc]	左右方括号之间的任何字符,如 a、b 或 c
[^abc]	不在左右方括号之间的任何字符,如 A、d 或 1
[0-9]	从 0 至 9 的任意数字字符
[a-z]	从小写 a 到小写 z 的任意字符
[A-Z]	从大写 A 到大写 Z 的任意字符
([0-9]|X)	任何指定的字符(或字符串)之一,如 0、5 或 X

表 11-4　量词及其用法

量 词	用 法 描 述
s?	零个或一个 s
s *	零个或多个 s
s+	一个或多个 s
s{n}	s 正好出现 n 次
s{n,}	s 至少出现 n 次
s{n,m}	s 出现 n 至 m 次

正则表达式总是以斜杠(/)开头和结束。例如,正则表达式/[0-9]{6}/表示 6 个连续的数字字符,正则表达式/[0-9]{13}/表示 13 个连续的数字字符。而正则表达式/[0-9]{17}

([0-9]|X)/表示前17个字符必须是数字字符,第18个字符必须是数字字符或大写字母 X,因此,该正则表达式实际描述了身份证号码必须具备的基本规律或格式。

利用正则表达式和 String 系统类的 search 方法,可以方便地验证某些字符串数据的格式有效性。

【例 11-5】 String 系统类的正则表达式和 search 方法在 JavaScript 中的应用——验证身份证号码的格式有效性。XHTML 文档主体中的 JavaScript 代码如下:

```
< script type = "text/javascript">
  var idno1 = new String("51101219641111441X")   //18 个字符
  var flag = idno1.search(/[0－9]{17}([0－9]|X)/)
  document.write("身份证号码:" + idno1 + " flag:" + flag + "< br/>")

  var idno2 = new String("51101229641111441X3")   //19 个字符
  flag = idno2.search(/[0－9]{17}([0－9]|X)/)
  document.write("身份证号码:" + idno2 + " flag:" + flag + "< br/>")

  var idno3 = new String("A51101229641111441X")   //19 个字符
  flag = idno3.search(/[0－9]{17}([0－9]|X)/)
  document.write("身份证号码:" + idno3 + " flag:" + flag + "< br/>")

  var idno4 = "51101219641111441A"   //18 个字符
  flag = idno4.search(/[0－9]{17}([0－9]|X)/)
  document.write("身份证号码:" + idno4 + " flag:" + flag + "< br/>")

  var idno5 = "511012196A41111441"   //18 个字符
  flag = idno5.search(/[0－9]{17}([0－9]|X)/)
  document.write("身份证号码:" + idno5 + " flag:" + flag + "< br/>")

  var idno6 = "51101219641111144"   //17 个字符
  flag = idno6.search(/[0－9]{17}([0－9]|X)/)
  document.write("身份证号码:" + idno6 + " flag:" + flag + "< br/>")
</script >
```

注意:

(1) 在以上 JavaScript 中,String 对象 idno1 和 idno2 中的前18个字符均满足正则表达式/[0-9]{17}([0-9]|X)/所描述的格式要求,所以 flag 的值均为0。但 String 对象 idno2 包含19个字符,因此并不是有效的身份证号码。

(2) 在 String 对象 idno3 中,从第2个字符开始、连续的18个字符满足正则表达式/[0-9]{17}([0-9]|X)/所描述的格式要求,所以 flag 的值为1。但由于 String 对象 idno3 中的第一个字符是 A,并且 String 对象 idno3 包含19个字符,因此也不是有效的身份证号码。

(3) 虽然 String 对象 idno4 和 idno5 均只有18个字符,但均不满足正则表达式/[0-9]{17}([0-9]|X)/所描述的格式要求,所以 flag 的值均为-1。

(4) String 对象 idno6 只有17个字符,因此不满足正则表达式/[0-9]{17}([0-9]|X)/所描述的格式要求,所以 flag 的值也为-1。

(5) 综上所述,当 flag 的值不等于0、或者字符串的长度(即字符个数)不等于18时,字符串数据就不是有效的身份证号码。换言之,只有当 flag 的值等于0、并且字符串的长度

(即字符个数)等于 18 时,字符串数据才可能是有效的身份证号码。

【例 11-6】 定义 JavaScript 函数 validateIdno,该函数按照以下三条规则验证身份证号码的格式有效性:(1)身份证号码必须且只能包括 18 个字符。(2)前 17 个字符必须是数字字符。(3)最后 1 个字符必须是数字字符或大写字母 X。

此外,对于函数 validateIdno 及其功能还有以下一些要求:(1)函数定义中的形式参数名使用 s_idno,表示一个身份证号码字符串。(2)如果身份证号码字符串 s_idno 符合上述三条规则,函数的返回值为 true,表示满足身份证号码的基本格式要求。否则,函数的返回值为 false,表示不满足身份证号码的基本格式要求。

根据以上对函数 validateIdno 的要求,可以画出相应的程序流程图,如图 11-1 所示。

图 11-1　验证身份证号码格式有效性的程序流程图

根据图 11-1 中的程序流程图,可以在 XHTML 文档头部定义函数 validateIdno,JavaScript 代码如下:

```
<script type = "text/javascript">
  //定义验证身份证号码格式有效性的函数 validateIdno
  function validateIdno(s_idno){
    var flag = s_idno.search(/[0 - 9]{17}([0 - 9]|X)/)

    if (flag == 0&&s_idno.length == 18) return true
    else return false
  }
</script>
```

然后,用例 11-5 中的字符串数据测试函数 validateIdno,以验证该函数及其 JavaScript 代码的正确性。可以在 XHTML 文档主体使用如下 JavaScript 代码:

```
<script>
  var idno = "51101219641111441X"      //18 个字符
  //var idno = "51101229641111441X3"  //19 个字符
  //var idno = "A51101229641111441X"  //19 个字符
  //var idno = "51101219641111441A"   //18 个字符
  //var idno = "511012196A41111441"   //18 个字符
  //var idno = "51101219641111144"    //17 个字符
  document.write("身份证号码" + idno)
```

```
    if (validateIdno(idno)) document.write("通过验证!")
    else document.write("没有通过验证!")
</script>
```

11.5　RegExp 对象

除在 String 系统类的 search 方法中使用正则表达式外,也可以通过 RegExp 对象及其 test 方法验证特定字符串的格式有效性。

【例11-7】　改写例11-6中的函数 validateIdno,应用 RegExp 对象验证身份证号码的格式有效性。定义函数 validateIdno 的 JavaScript 代码如下:

```
function validateIdno(s_idno){
    var pattern = /^[0-9]{17}([0-9]|X)$/
    return pattern.test(s_idno);
}
```

在上述 JavaScript 代码中,第一条语句使用正则表达式 /^[0-9]{17}([0-9]|X)$/ 创建了 RegExp 对象 pattern。在正则表达式 /^[0-9]{17}([0-9]|X)$/ 中,脱字符(^)表示必须以其后的特定字符(或字符串)开始,美元符号($)表示必须以其前的特定字符(或字符串)结束。

在第二条语句中,通过 RegExp 对象 pattern 调用 test 方法验证在 string 类型的变量 s_idno 中存储的字符串是否是有效的身份证号码。如果在 string 类型的变量 s_idno 中存储的字符串是一个有效的身份证号码,test 方法返回 true。否则,test 方法返回 false。

使用正则表达式/^\w+((\.)?\w+)*@\w+((\.)?\w+)*(\.\w{2,3})+$/则可以更有效地验证电子邮箱字符串的格式有效性,其中各个部分的含义如下:

(1) \w 是一个转义字符,表示一个数字字符(0~9)、小写字母(a~z)、大写字母(A~Z)或下划线(_)。\w+表示转义字符\w 可以出现一次或多次。

(2) \. 也是一个转义字符,表示一个句号(.)。(\.)? 表示句号(.)可以出现零次或一次。

(3) (\.)?\w+表示(\.)? 和\w+的连接,((\.)?\w+)*表示(\.)?\w+可以出现零次或多次。

(4) \w{2,3}表示转义字符\w 可以出现 2 次或 3 次。\.\w{2,3}表示句号(.)和\w{2,3}的连接。(\.\w{2,3})+表示\.\w{2,3}可以出现一次或多次。

【例11-8】　改写例11-4中的函数 validateEmail,应用 RegExp 对象验证电子邮箱字符串的格式有效性。定义函数 validateEmail 的 JavaScript 代码如下:

```
function validateEmail(s_email){
    var pattern = /^\w+((\.)?\w+)*@\w+((\.)?\w+)*(\.\w{2,3})+$/
    return pattern.test(s_email);
}
```

然后,用以下 JavaScript 代码测试函数 validateEmail。

```
<script>
  var email = "Lisi@sina.com"
  //var email = "si.Li@sina.com"
  //var email = "si_Li@sina.com"
  //var email = "si._Li@sina.com.cn"
  //var email = "si_.Li@sina.com.cn"
  //var email = "si.si.Li@sinaGoogle.com.cn"

  //var email = "si..Li@sina.com"
  //var email = ".siLi@sina.com.cn"
  //var email = "si.Li@sina.com.china"
  document.write("电子邮箱" + email)

  if (validateEmail(email)) document.write("通过验证!")
  else document.write("没有通过验证!")
</script>
```

由于..与(\.)? 不匹配,所以"si..Li@sina.com"不是有效的电子邮箱;字符串".siLi@sina.com.cn"中的第一个字符是句号(.),与^\w+不匹配,因此也不是有效的电子邮箱;.china与(\.\w{2,3})+$不匹配,所以"si.Li@sina.com.china"也不是有效的电子邮箱。

11.6 Array 对象

在程序设计中经常需要使用数组。数组(Array)通常是由一组相同数据类型的元素构成的有序集合。数组可以是一维的,也可以是二维的。在数组及其应用中,最常见的是一维数组。

11.6.1 数组的逻辑结构

图 11-2 是一维数组的逻辑结构示意图。其中,e_i 表示一维数组中的第 $i+1$ 个元素(Element)。数组中的所有元素属于同种数据类型。数组中的元素个数称为数组长度(Length)。数组中的元素可以用下标(Index)标识和指定。在一维数组中,第 i 个元素 e_{i-1} 的下标是 $i-1$。因此,元素的下标介于 0 和数组长度减 1 之间。

图 11-2 数组长度、元素及其下标

11.6.2 创建 Array 对象

在 JavaScript 中,数组及其功能是通过 Array 对象实现的。可以使用以下两种方法创建 Array 对象,同时为每个数组元素赋初值。

```
var pictureTitles = new Array("新浪网","百度网","搜狐网");
var aHref = ["http://www.sina.com","http://www.baidu.com","http://www.sohu.com"];
```

其中,第一种方法使用 new 运算符和 Array 系统类的构造函数创建了数组名为 pictureTitles 的 Array 对象,第二种方法直接使用方括号创建了数组名为 aHref 的 Array 对象,两个数组都各有 3 个元素,每个元素都是一个字符串。

11.6.3　Array 对象的 length 属性与数组元素

每个 Array 对象都拥有属性 length,该属性表示数组的长度,即数组中的元素个数。因此,可以按照"数组名.length"的格式访问一个数组的长度。例如,pictureTitles.length 就表示数组 pictureTitles 的长度,即该数组中的元素个数。

在 JavaScript 中,可以按照"数组名[下标]"的格式访问数组元素,例如,pictureTitles[0]表示数组 pictureTitles 中的第一个元素,pictureTitles[2]表示数组 pictureTitles 中的第三个元素。

【例 11-9】　Array 对象及其应用。XHTML 文档主体中的 JavaScript 代码如下:

```
<script type = "text/javascript">
  var pictureTitles = new Array("新浪网","百度网","搜狐网");
  var aHref = ["http://www.sina.com","http://www.baidu.com",
    "http://www.sohu.com"];
  var pictureID = 0;

  for(i = 1;i < = 7;i++){
    document.write("第" + i + "次循环: " + "< a href = '" + aHref[pictureID] +
      "'>" + pictureTitles[pictureID] + "</a>< br/>");
    pictureID = (pictureID + 1) % 3;
  }
</script>
```

在以上 JavaScript 代码的 for 循环中,反复使用数组 pictureTitles 和 aHref 中的字符串在文本上创建超链接。以上 JavaScript 代码在 IE 浏览器中的输出如图 11-3 所示。

图 11-3　使用数组中的字符串创建文本超链接

注意:在本例中,pictureTitles 是一个指代 Array 对象的变量,因此属于 object 类型。

同时，pictureTitles 也表示一个数组。在 pictureTitles 数组中，每个元素 pictureTitles[pictureID]用于存储字符串，属于 string 类型。类似地，aHref 也是一个指代 Array 对象的变量，属于 object 类型。在 aHref 数组中，每个存储字符串的元素 aHref[pictureID]属于 string 类型。

11.7　小结

JavaScript 既支持结构化程序设计，同时也是一种基于对象的脚本语言。在 JavaScript 中预先声明了一些系统类，在每个系统类中又预先定义了相应的属性和方法。基于 JavaScript 系统类可以创建相应的内置对象，然后访问内置对象的属性，也可以通过内置对象调用在 JavaScript 系统类中预先定义的方法。

JavaScript 内置对象拥有属性和方法。属性描述了对象的一些基本特征，而方法则是能够在对象上执行的操作。

在 JavaScript 中，为了使用在 String、Date 和 Array 系统类中预先定义的属性和方法，必须首先创建相应的 String、Date 和 Array 对象。

Date 对象用于存储和处理日期和时间，String 对象用于存储和处理字符串，Array 对象用于保存和处理一组具有相同类型的数据。

在操作对象时使用 with 语句可以简化 JavaScript 代码。

在 JavaScript 中经常使用 string 类型的变量存储字符串，并通过 string 类型的变量调用在 String 系统类中预先定义的方法，同样可以完成字符串处理任务。

使用正则表达式，可以描述某些特殊用途的字符串数据所具有的特定规律或格式。

应用 String 系统类的 search 方法和正则表达式，可以方便地验证某些字符串数据的格式有效性。

11.8　习题

1. 使用 with 语句改写例 11-1 中的 JavaScript 代码。

2. 编写 JavaScript，验证表 11-2 中有关 String 对象方法的应用举例。

3. 将例 11-4 和例 11-6 中的 JavaScript 函数 validateEmail 和 validateIdno 定义在同一个外部脚本文档中，然后在一个 HTML 文档中演示对这两个函数的调用。

4. 在 XHTML 文档头部定义 JavaScript 函数 getAge，该函数能够根据格式有效的身份证号码计算年龄。具体要求如下：(1)函数定义中的形式参数名使用 s_idno，表示一个身份证号码字符串。(2)函数的返回值是根据身份证号码计算的年龄，且是一个整数。

然后，在 XHTML 文档主体用一个格式有效的身份证号码字符串测试函数 getAge，并在 Web 浏览器中输出该身份证号码及相应的年龄，以验证该函数及 JavaScript 代码的正确性。

5. 分析并判断以下 JavaScript 在 Web 浏览器中的输出，然后通过上机编程验证你的判断。

```
< script type = "text/javascript">
  var pattern = /^[abc]$/
  document.write(pattern.test("a") + " " + pattern.test("ab") + "<br/>")

  pattern = /^[^abc]$/
  document.write(pattern.test("A") + " " + pattern.test("a") + "<br/>")

  pattern = /^[0-9]$/
  document.write(pattern.test("0") + " " + pattern.test("a0") + "<br/>")

  pattern = /[0-9]/
  document.write(pattern.test("0") + " " + pattern.test("a0") + "<br/>")

  pattern = /^([0-9]|X)$/
  document.write(pattern.test("0") + " " + pattern.test("0X") + "<br/>")

  pattern = /([0-9]|X)/
  document.write(pattern.test("0") + " " + pattern.test("0X") + "<br/>")

  pattern = /^(red|blue|green)$/
  document.write(pattern.test("red") + " " + pattern.test("yellow") + "<br/>")
</script>
```

验证表单数据

表单(Form)是网页中常见的要素。通过表单，Web 浏览器可以接收用户输入的数据，然后使用 JavaScript 处理表单数据或验证表单数据的有效性。

12.1 表单、控件及其属性

使用 HTML 中的 form 元素和 input 元素，可以在网页中定义和创建表单。定义和创建表单的主要代码及格式如下：

```
< form action = " ">
  < input type = " " name = " " value = " "/>
  … …
  < input type = " " name = " " value = " "/>
</form>
```

其中，form 元素的开始标签和结束标签定义表单的开头和结尾。form 元素的 action 属性用于指定提交表单之后将进入的下一个页面。

form 元素内部通常包含若干个 input 元素，每个 input 元素定义一个控件(Control)。

在 input 元素中，type 属性用于指定 input 元素所定义控件的类型。常用的 type 属性值有 text、password、button、submit 和 reset，分别定义文本框、密码域、按钮、提交按钮和重置按钮五种类型的控件。其中，文本框和密码域用于接收用户输入的数据，按钮用于一般表单操作，提交按钮和重置按钮则是用于特定表单操作的特殊按钮。

name 属性用于对 input 元素所定义的控件进行命名，在 JavaScript 中可以使用 name 属性值指定 input 元素所定义的控件。这样，JavaScript 即可根据 name 属性值对控件进行引用或操作。

value 属性用于指定文本框和密码域的初始值，也可用于设置在按钮、提交按钮和重置按钮上显示的文字。

【例 12-1】 使用 form 元素和 input 元素在网页中定义和创建表单。XHTML 文档主体的代码如下：

```
< form action = "http://www.sina.com">
  ＊电子邮箱: < input type = "text" name = "email"  value = "a@b.c"/>
  身份证号码: < input type = "text" name = "idno" value = "123456789012345678"/>
  密码: < input type = "password" name = "pwd"/>
```

```
< input type = "submit" value = "提交"/>
< input type = "reset" value = "重置"/>
</form>
```

如图 12-1 所示，表单包含由 input 元素定义的五个控件。

图 12-1 表单及其控件

第一个控件是文本框，用于接收用户输入的电子邮箱，其初始值即是 value 属性值 "a@b.cd"。

第二个控件也是文本框，用于接收用户输入的身份证号码，其初始值是 value 属性值 "123456789012345678"。

第三个控件是密码域，用于接收用户输入的密码。文本框和密码域的作用基本相同，都可以接收用户输入的数据。两者的主要区别在于，在密码域中输入密码时，密码字符以圆点来显示，这样，旁人就看不到密码字符；而在文本框中则直接显示用户输入的字符。

第四个控件是提交按钮，在该按钮上所显示的文字即是 value 属性值"提交"。单击该按钮，可以打开由 form 元素的 action 属性值所指向的网页，即 sina.com。

第五个控件是重置按钮，在该按钮上所显示的文字也是 value 属性值"重置"。单击该按钮，可以重置文本框和密码域中的初始值。

注意：在 HTML 中，input 元素是行内元素。如图 12-1 所示，由 input 元素所定义的五个控件从左向右依次排列在同一行上。

【例 12-2】 参照图 12-2，使用 ul 和 li 元素以及 div+CSS 对图 12-1 中的表单控件进行重新布局。

图 12-2 使用 ul 和 li 元素以及 div+CSS 布局表单控件

　　为此,可以首先在 XHTML 文档头部定义如下内部样式表,具体代码如下:

```
< style type = "text/css">
  ♯ container { width:800px; margin:0 auto; }
    ♯ mainContent { width:780px; padding:10px; background - color:♯CFF; }

      .formstyle { list - style:none;   }
      .formstyle li { padding:10px 0px; }

      label { display:block; float:left; width:300px; padding - top:3px; text - align:right; }
      .submitDiv, .resetDiv { display:block; float:left; width:200px; padding:10px 50px; }
      .submitDiv { text - align:right; }
      .resetDiv { text - align:left; }
</style>
```

　　然后,在 XHTML 文档主体定义和创建表单,具体代码如下:

```
< body >
  < div id = "container">
    < div id = "mainContent">
      < form action = "">
        < ul class = "formstyle">
          < li >
            < label >＊电子邮箱: </label >< input type = "text" name = "email"/>
          </li >
          < li >
            < label >身份证号码: </label >< input type = "text" name = "idno"/>
          </li >
          < li >
            < label for = "pwdID">密码: </label >< input type = "password" id = "pwdID"/>
          </li >
          < li >
            < div class = "submitDiv">< input type = "submit" value = "提交"/></div >
            < div class = "resetDiv">< input type = "reset" value = "重置"/></div >
          </li >
        </ul >
      </form >
    </div >
  </div >
</body >
```

　　如上述 HTML 代码,在 input 元素的前面可以结合使用 label 元素,这两个元素的具体用法如下:首先,在后面的 input 元素中使用 id 属性为对应的控件分配唯一的 ID,然后在前面的 label 元素中使用 for 属性,且使该属性值与后面对应 input 元素的 id 属性值一致。这样就可以将前面的 label 元素与后面的 input 元素绑定在一起,并由 label 元素中的文本为 input 元素对应的控件定义标记。在本例中,由于"密码"对应的 input 和 label 元素分别通过 id 和 for 属性绑定在一起,所以在表单中单击文本"密码:"时,焦点将自动定位于后面的密码域。

　　注意:由于"电子邮箱"对应的 input 和 label 元素没有绑定在一起,所以在表单中单击文本"＊电子邮箱："时,焦点不会自动定位于后面的 email 文本框。类似地,在表单中单击文本"身份证号码："时,焦点同样不会自动定位于后面的 idno 文本框。

12.2　表单事件和事件属性

　　表单在用户和 Web 浏览器之间提供了一种交互界面,而表单事件则最终促成了用户和 Web 浏览器之间的交互。表单有 submit 和 reset 两种事件。

　　例如,在图 12-1 的表单中,由 type 属性值为 submit 的 input 元素定义"提交"按钮,单击"提交"按钮就会触发表单的 submit 事件。在 form 元素中使用 onsubmit 属性,则当表单的 submit 事件发生时可调用 JavaScript 函数处理表单数据。之后,即可以打开由 form 元素的 action 属性值所指向的网页。

　　与"提交"按钮类似,在表单中由 type 属性值为 reset 的 input 元素定义"重置"按钮,单击"重置"按钮会触发表单的 reset 事件。当表单的 reset 事件发生时,可以重置文本框和密码域中的初始值。

　　【例 12-3】　测试表单事件及其事件属性。在如图 12-3 的表单中,"登录名"文本框的初始值是"abc","密码"密码域的初始值是"123"。单击"提交"按钮,可将"登录名"和"密码"字符串连接在一起,并在警告框中显示。然后,在警告框中单击"确定"按钮,可以打开例 12-1 中的网页(图 12-1)。

图 12-3　表单事件及事件属性

XHTML 及 JavaScript 代码如下:

```
<!DOCTYPE html PUBLIC " - //W3C//DTD XHTML 1.0 Strict//EN"
  "http://www.w3.org/TR/xhtml1/DTD/xhtml1 - strict.dtd">
<html xmlns = "http://www.w3.org/1999/xhtml">
  <head>
    <meta http - equiv = "Content - Type" content = "text/html; charset = gb2312"/>
    <title>表单事件及事件属性</title>
    <script type = "text/javascript">
      //定义连接文本函数
      function contatenateText(thisForm){
        alert(thisForm.login_name.value + thisForm.pwd.value);
      }
```

```
    </script>
  </head>
  <body>
    <form action = "12-1.htm" onsubmit = "contatenateText(this)">
      登录名: <input type = "text" name = "login_name" value = "abc">
      密码: <input type = "password" name = "pwd" value = "123">
      <input type = "submit" value = "提交"/>
      <input type = "reset" value = "重置"/>
    </form>
  </body>
</html>
```

注意:

(1) 在 XHTML 文档头部定义了 JavaScript 函数 contatenateText,该函数的形式参数 thisForm 指代一个表单。

(2) 在 XHTML 文档主体的 form 元素中使用了 onsubmit 属性,其属性值 contatenateText(this)实际上是一条调用函数 contatenateText 的 JavaScript 语句,其中的实际参数 this 指代当前 form 元素(即表单)。

(3) 函数 contatenateText 的形式参数 thisForm 与函数调用语句 contatenateText (this)中的实际参数 this 相对应。函数内的代码 thisForm.login_name 对应表单中的"登录名"文本框,而代码 thisForm.login_name.value 则对应该文本框中的字符串数据。类似地,函数内的代码 thisForm.pwd 对应表单中的密码域,而代码 thisForm.pwd.value 则对应该密码域中的字符串数据。

12.3　验证表单数据

除处理表单数据外,利用表单事件还可以验证用户输入的数据,这样不仅可以减轻服务器端的工作负荷,而且能够充分利用客户机端的计算能力,从而避免提交表单数据后客户机等待服务器响应的时间过长。因此,验证表单数据也是 JavaScript 在客户机端的重要应用之一。

验证表单数据主要分以下两种情况:一是必填项验证,即要求在某些文本框中必须输入数据;二是格式验证,即要求在某些文本框中输入的数据必须符合一定的格式。

如图 12-4 所示,在"电子邮箱"文本框中必须输入邮箱字符串。否则,单击"提交"按钮时,将通过警告框显示"必须填写电子邮箱!"。

【例 12-4】　在 XHTML 文档中实现如图 12-4 所示的表单数据必填项验证。XHTML 及 JavaScript 代码如下:

```
<!DOCTYPE html PUBLIC "-//W3C//DTD XHTML 1.0 Strict//EN"
  "http://www.w3.org/TR/xhtml1/DTD/xhtml1-strict.dtd">
<html xmlns = "http://www.w3.org/1999/xhtml">
  <head>
    <meta http-equiv = "Content-Type" content = "text/html; charset = gb2312" />
    <title>表单数据必填项验证</title>
    <script type = "text/javascript">
```

```
    //必填项验证函数
    function validateRequired(s_field){
      if (s_field == "") return false
      else return true
    }
    //验证表单数据
    function validateFormData(thisForm){
      with (thisForm){
        if (!validateRequired(email.value)){
          alert("必须填写电子邮箱!")
          email.focus()
          return false
        }
      }
      return true
    }
  </script>
</head>
<body>
  <form action = "" onsubmit = "return validateFormData(this)">
    * 电子邮箱: <input type = "text" name = "email"/>
    <input type = "submit" value = "提交"/>
    <input type = "reset" value = "重置"/>
  </form>
</body>
</html>
```

图 12-4 验证表单中的必填项

在 XHTML 文档头部,定义了两个 JavaScript 函数——函数 validateRequired 验证参数 s_field 是否为空字符串,即进行必填项验证;函数 validateFormData 用于验证表单中的各项数据(在该表单中只有"电子邮箱"一项数据),并在其中调用函数 validateRequired 以验证表单 email 文本框中的输入值是否为空字符串。

在 XHTML 文档主体定义和创建了一个表单,其中包括一个 email 文本框、一个 submit 类型的"提交"按钮和一个 reset 类型的"重置"按钮。由于"提交"按钮属于 submit 类型控件,所以单击"提交"按钮会触发表单的 submit 事件。

在 form 元素的开始标签中，onsubmit 属性值是调用函数 validateFormData 的 JavaScript。这样，表单的 submit 事件就与函数 validateFormData 绑定在一起——当单击 submit 类型的"提交"按钮时，会触发表单的 submit 事件，然后通过 onsubmit 属性值调用函数 validateFormData。函数 validateFormData 也因此称为与表单的 submit 事件绑定的事件处理函数（Event Handler）。

在通过 onsubmit 属性值调用事件处理函数 validateFormData 时，使用了指代当前 form 元素（即表单）的保留字 this 作为实际参数。相应地，函数 validateFormData 定义中的形式参数 thisForm 也同样指代表单。在函数 validateFormData 中调用函数 validateRrequired 时，实际参数 email. value 指代表单 email 文本框中的字符串数据。相应地，函数 validateRrequired 定义中的形式参数 s_field 也同样指代表单 email 文本框中的字符串数据。

如果在表单 email 文本框中没有输入任何字符或输入的是空字符串，函数 validateRrequired 的返回值就是 false，表示此项数据没能通过必填项验证。相应地，函数 validateFormData 中的 if 条件成立，然后通过警告框显示"必须填写电子邮箱!"，并返回 false。此时，由于函数 validateFormData 的返回值是 false，就不会打开由 form 元素的 action 属性值所指向的网页，因而在 Web 浏览器中将保持当前页面。

如果在表单 email 文本框中输入非空字符串，函数 validateRequired 的返回值就是 true，表示此项数据通过必填项验证。相应地，函数 validateFormData 中的 if 条件不成立，并返回 true。此时，由于函数 validateFormData 的返回值是 true，就准备打开由 form 元素的 action 属性值所指向的网页。但由于 action 属性值为空值，所以也将在 Web 浏览器中保持当前页面。

注意：

（1）单击 submit 类型的"提交"按钮会触发表单的 submit 事件。此时，首先调用事件处理函数 validateFormData，然后在函数 validateFormData 中会进一步调用函数 validateRequired，并由函数 validateRequired 验证表单 email 文本框中的输入值是否为空字符串。

（2）在 JavaScript 中，可以将表单及其中的控件看作对象。例如，在函数 validateFormData 中，代码 email. value 表示 email 文本框对象的 value 属性，代码 email. focus()表示通过 email 文本框对象调用 focus 方法并将焦点定位于该文本框中。

【例 12-5】 参照图 12-4 中的表单设计，在例 12-4 的基础上实现"电子邮箱"的必填项验证以及格式验证。单击"提交"按钮后，验证"电子邮箱"的过程按照以下步骤进行：

（1）对"电子邮箱"进行必填项验证。如果不能通过必填项验证，则通过警告框显示"必须填写电子邮箱!"，然后终止表单数据验证过程，并将焦点定位于"电子邮箱"文本框中。

（2）对"电子邮箱"进行格式验证。如果不能通过格式验证，则通过警告框显示"电子邮箱格式无效!"，然后终止表单数据验证过程，并将焦点定位于"电子邮箱"文本框中。

其他要求如下：

（1）定义和使用函数 validateRequired(s_field)对"电子邮箱"进行必填项验证，其中的形式参数 s_field 是一个表示"电子邮箱"的字符串。

（2）定义和使用函数 validateEmail(s_email)对"电子邮箱"进行格式验证，其中的形式参数 s_email 也是一个表示"电子邮箱"的字符串。

（3）定义和使用函数 validateFormData(thisForm) 进行表单数据验证，其中的形式参数 thisForm 指代表单。此外，在该函数内依次调用函数 validateRequired 和 validateEmail 以实现"电子邮箱"的必填项验证以及格式验证。

为了实现"电子邮箱"的格式验证，首先在例 12-4 的 XHTML 文档头部增加函数 validateEmail 的定义，具体的 JavaScript 代码如下：

```
function validateEmail(s_email){
  var atpos = s_email.indexOf("@")
  var dotpos = s_email.lastIndexOf(".")

  if (atpos < 1 || dotpos - atpos < 2) return false
  else return true
}
```

然后，在 XHTML 文档头部的函数 validateFormData 中增加一些 JavaScript 代码，以调用实现"电子邮箱"格式验证的函数 validateEmail，并根据函数返回值进行相应的流程控制，具体的 JavaScript 代码如下：

```
function validateFormData(thisForm){
  with (thisForm){
    if (!validateRequired(email.value)){
      alert("必须填写电子邮箱!")
      email.focus()
      return false
    }
    if (!validateEmail(email.value)){
      alert("电子邮箱格式无效!");
      email.focus()
      return false
    }
  }
  return true
}
```

12.4 网页的 Web 标准

JavaScript 验证表单数据的功能体现了 Web 标准网页的一个层面：行为 (Behavior)——用户能够通过表单与 Web 浏览器进行交互，不仅能够向 Web 浏览器提供数据，而且可以在客户机端处理和验证数据。这样，JavaScript 就与 XHTML、CSS 共同构成了网页 Web 标准的四个层次。

12.4.1 网页 Web 标准的四个层次

如图 12-5 所示，网页 Web 标准包括内容（Content）、结构（Structure）、表现 (Presentation)和行为（Behavior）四个层次。

图 12-5　网页 Web 标准的四个层次

第一层次是内容。内容是指通过网页可以直接展示的元素,包括文本和图片。

第二层次是结构。结构反映了网页中内容(包括文本和图片)之间的逻辑关系。例如,在 HTML 文档中,标题元素(h1、h2、h3、h4、h5 和 h6)、段落元素(p)、列表元素(ul 和 li 元素)和表格元素(table、caption、thead、th、tr 和 td)就能够反映网页中文本内容之间的逻辑关系。

第三层次是表现。使用字体(font-family)、大小(font-size)、粗细(font-weight)、颜色(color)、字符间距(letter-spacing)和文本对齐(text-align)等 CSS 样式特性,能够使文本和图片等内容在网页中"表现"出特定的视觉效果。

此外,网页布局也是一种表现。例如,使用 div+CSS 技术可以将整个网页平面从上到下依次划分为标志、横幅、水平导航条、主要内容和底部等几块矩形区域。"网页布局"这种表现构成了文本和图片内容之间的平面排列关系。

第四层次是行为。行为是指网页浏览者与 Web 浏览器以及网页内容之间的交互及操作效果。例如,使用 JavaScript 可以处理和验证表单数据。

在设计和制作 Web 标准网页时,应该尽量按照"分离"原则将"内容和结构"、"样式"与"行为"安排在不同类型的文档中——将网页的内容和结构保存在 XHTML 文档中,将样式保存在 CSS 文档的外部样式表中,而将体现行为的 JavaScript 函数及其代码保存在外部脚本文档中。这样,XHTML、CSS 和 JavaScript 也就分别承担和实现了相应的功能——XHTML 主要用来组织网页的内容和结构,CSS 主要用来描述网页的表现,而 JavaScript 则是专门为网页添加行为的。

但 XHTML、CSS 和 JavaScript 三者的功能存在着一定的重叠。首先,XHTML 也有微弱的描述表现的能力。例如,在 XHTML 文档中也可以使用行内样式和内部样式表;又如,在 XHTML 文档中,em 和 strong 元素能够使需要强调的文本内容表现出特定的视觉效果。其次,CSS 也有一定的响应事件的行为能力。例如,如果在 a 元素上应用 link、visited、hover 和 active 伪类选择器及其样式,就会使超链接对鼠标操作做出相应的响应。XHTML、CSS 和 JavaScript 三者的功能区分可用图 12-6 来表示。

图 12-6　XHTML、CSS 和 JavaScript 在 Web 标准网页中的功能

【例 12-6】　按照"分离"原则实现例 12-5 中的"电子邮箱"的必填项验证以及格式验证。

即单击"提交"按钮后,验证"电子邮箱"的过程按照例 12-5 中的步骤进行。但参照图 12-7 以及例 12-2 中的代码,使用 ul 和 li 元素以及 div＋CSS 对表单中的控件进行布局。

　　首先,使用外部样式表实现网页的"表现"。为此,参照例 12-2 中的代码,在 CSS 文档 12-6.css 中创建外部样式表。CSS 文档中的代码如下:

```
＃container { width:500px; margin:0 auto; }
  ＃mainContent { width:480px; padding:10px; background‐color:＃CFF; }

    .formstyle { list‐style:none;   }
    .formstyle li { padding:10px 0px; }

    label { display:block; float:left; width:150px; padding‐top:3px; text‐align:right; }
    .submitDiv, .resetDiv { display:block; float:left; width:100px; padding:10px 50px; }
    .submitDiv { text‐align:right; }
    .resetDiv { text‐align:left; }
```

图 12-7　使用 ul 和 li 元素以及 div＋CSS 布局表单控件

　　然后,使用 JavaScript 实现网页的"行为"。为此,可以将例 12-4 中的 JavaScript 函数 validateRequired 以及例 12-5 中的 JavaScript 函数 validateEmail 和 validateFormData 保存至外部脚本文档 12-6.js 中。

　　最后,将网页的"内容和结构"保存在 XHTML 文档 12-6.htm 中。XHTML 文档头部和主体中的代码如下:

```
<!DOCTYPE html PUBLIC "‐//W3C//DTD XHTML 1.0 Strict//EN"
  "http://www.w3.org/TR/xhtml1/DTD/xhtml1‐strict.dtd">
<html xmlns = "http://www.w3.org/1999/xhtml">
  <head>
    <meta http‐equiv = "Content‐Type" content = "text/html; charset = gb2312"/>
    <title>按照"分离"原则实现电子邮箱的必填项验证以及格式验证</title>
    <link rel = "stylesheet" type = "text/css" href = "12-6.css">
    <script type = "text/javascript" src = "12-6.js"></script>
  </head>
  <body>
    <div id = "container">
      <div id = "mainContent">
        <form action = "" onsubmit = "return validateFormData(this)">
          <ul class = "formstyle">
```

```
        <li>
          <label>*电子邮箱:</label><input type="text" name="email"/>
        </li>
        <li>
          <div class="submitDiv"><input type="submit" value="提交"/></div>
          <div class="resetDiv"><input type="reset" value="重置"/></div>
        </li>
      </ul>
    </form>
  </div>
 </div>
</body>
</html>
```

在 XHTML 文档(12-6.htm)头部,使用 link 元素及其 href 属性可以链接包含外部样式表的 CSS 文档(12-6.css),使用 script 元素及其 src 属性可以指向定义有 JavaScript 函数的外部脚本文档(12-6.js)。这样,当 Web 浏览器加载 XHTML 文档时,将加载 CSS 文档中的外部样式表,以及外部脚本文档中的 JavaScript 函数及其中的语句。

12.4.2　Web 标准系列

实际上,网页的 Web 标准也是一系列标准的集合。与网页的结构、表现和行为三个层次相对应,网页的 Web 标准可分为结构标准、表现标准和行为标准三类。结构标准主要为 XML 和 XHTML,表现标准主要为 CSS,行为标准主要包括 ECMAScript 和 DOM 等。这些标准大都是由 W3C 起草和发布的。下面简要介绍一下这些标准。

1. 结构标准

1) XML

XML 是 Extensible Markup Language(可扩展标记语言)的缩写。目前推荐遵循的是 W3C 于 2000 年 10 月 6 日发布的 XML 1.0(第二版)。和 HTML 一样,XML 同样来源于 SGML,但 XML 是一种能定义其他语言的语言。设计 XML 的最初目的是弥补 HTML 的不足,以强大的扩展性满足网络信息发布的需要,后来 XML 逐渐用于网络数据的描述和转换。

2) XHTML

目前推荐遵循的是 W3C 于 2002 年 8 月 1 日修订的 XHTML 1.0(第二版)。虽然 XML 的数据转换能力强大,并有望取代 HTML,但面对成万上亿的已有站点和网页,直接采用 XML 还为时过早。因此,W3C 在 HTML 4.0 的基础上,参照 XML 的规则对其进行扩展,即制定了 XHTML。简单地说,建立 XHTML 的目的就是实现 HTML 向 XML 的过渡。

2. 表现标准

目前推荐遵循的是 W3C 于 2011 年 6 月 7 日修定的 CSS 2.1。制定 CSS 标准的目的是以 CSS 取代 HTML 中的表现性元素、表现性属性以及表格式布局。XHTML 与 CSS 文档中的外部样式表相结合能够帮助网页设计者将"内容和结构"与"表现"进行分离,同时使网站风格更加统一、网页更加易于维护。

3．行为标准

1）ECMAScript

ECMAScript 是由 ECMA（European Computer Manufacturers Association）制定的，JavaScript 即参照和遵循 ECMAScript。目前推荐遵循的是 ECMA 于 2011 年 6 月发布的 ECMAScript 262。

2）DOM

DOM 是 Document Object Model（文档对象模型）的缩写。W3C 制定的 DOM 标准分为三个级别（Levels）。目前各种主流 Web 浏览器能够支持 DOM Level 1 和 DOM Level 2 中的大部分功能。借助于 DOM，JavaScript 能够访问和修改 HTML 文档的内容、结构和表现，进而使网页中的文本和图片产生"动态变化"的动画和视觉效果。

12.5 小结

表单是网页中常见的要素。通过表单，Web 浏览器可以接收用户输入的数据，然后使用 JavaScript 对表单数据进行简单处理或验证其有效性。

在表单中，可以包括文本框、密码域、按钮、提交按钮和重置按钮等多种类型的控件。

表单有 submit 和 reset 两种事件。单击提交按钮会触发表单的 submit 事件，单击重置按钮会触发表单的 reset 事件。

在 form 元素的开始标签中使用 onsubmit 属性，当表单的 submit 事件发生时可以调用 JavaScript 函数处理和验证表单数据。之后，可以打开由 form 元素的 action 属性值所指向的网页。

当表单的 reset 事件发生时，可以重置文本框和密码域中的初始值。

表单数据验证主要分为必填项验证和格式验证两种。

在 JavaScript 中，也可以将表单及其中的控件看作对象，它们都拥有属性和方法。

网页的 Web 标准包括内容、结构、表现和行为四个层次。

在设计和制作 Web 标准网页时，应该尽量按照"分离"原则将"内容和结构"、"样式"与"行为"安排在不同类型的文档中——将网页的内容和结构保存在 XHTML 文档中，将样式保存在 CSS 文档的外部样式表中，而将体现行为的 JavaScript 函数及其代码保存在外部脚本文档中。

12.6 习题

1. 在例 12-3 中，如果 form 元素的 onsubmit 属性值是 JavaScript 代码"contatenateText(this.login_name.value,this.pwd.value)"，则应该如何重新定义函数 contatenateText。通过上机验证重新定义的函数 contatenateText 及其中的 JavaScript 代码。

2. 按照如下要求重做例 12-5：（1）将函数 validateRequired 和 validateEmail 定义在外部脚本文档中。（2）将函数 validateFormData 仍然定义在 XHTML 文档中。

BOM 和 DOM

浏览器对象模型(Browser Object Model,BOM)和文档对象模型(Document Object Model,DOM)为 JavaScript 编程提供了更多的功能。在 JavaScript 中使用 BOM 提供的专门对象可以与 Web 浏览器进行交互,而 DOM 则使得 JavaScript 对 HTML 文档有了空前的访问和处理能力。

13.1 浏览器对象模型

BOM 提供的专门对象主要包括 window、navigator、document、screen 和 location 等,并且这些对象都是预先定义的。其中,window 对象是核心,其他对象都以某种方式与 window 对象关联。BOM 中主要对象之间的关系如图 13-1 所示。

图 13-1　BOM 对象关系图

在 BOM 中,window 对象代表 Web 浏览器,但不包括其中的页面内容。

在 Web 浏览器宿主环境中,window 对象是 JavaScript 的全局对象,因此在使用 window 对象的属性和方法时不需要特别指明 window 对象。例如,在 JavaScript 中经常使用的 alert 方法实际上就是 window 对象的一个方法,调用该方法的完整的 JavaScript 代码应该是 window.alert,但通常在 JavaScript 代码中省略 window,而直接写成 alert。

使用 window 对象的属性和方法可以直接对 Web 浏览器窗口进行操作,同时实现各种相应的功能。

13.1.1　window 对象的属性

【例 13-1】　使用 window 对象的 status 属性,可以设置或获取在 Web 浏览器下方的状态栏中显示的文字。XHTML 文档主体中的 JavaScript 代码如下:

```
< script type = "text/javascript">
  window.status = "看看 Web 浏览器窗口下方的状态栏中有哪些文字?";
```

```
//也可以写为 status = "看看 Web 浏览器窗口下方的状态栏中有哪些文字?";
  alert(status);
</script>
```

13.1.2　window 对象的方法

使用 window 对象的方法可以直接对 Web 浏览器窗口进行各种操作,同时实现相应的功能。根据功能的不同,可以将 window 对象的常用方法分为以下几类。

1. 生成系统对话框的方法

这类方法包括以下三个。

1) alert(message)方法

该方法用于显示包含一条指定消息和一个"确定"按钮的警告框。其中的参数 message 是用于指定消息的字符串。

2) confirm(message)方法

该方法用于显示包含一条指定消息和"确定"及"取消"按钮的确认框。参数 message 是用于指定消息的字符串。

在确认框中,如果单击"确定"按钮,该方法将返回布尔值 true。如果单击"取消"按钮,则该方法将返回布尔值 false。

注意:在单击"确定"或"取消"按钮,关闭警告框或确认框之前,系统将阻止用户对 Web 浏览器的所有输入操作。因此,在调用该方法时,将暂停 JavaScript 的执行。

【例 13-2】　确认框和警告框。XHTML 文档主体中的 JavaScript 代码如下:

```
< script type = "text/javascript">
  var r = confirm("当前是确认框,单击下方的其中一个按钮!");
  if (r == true) alert("当前是警告框,刚才你在确认框中单击了确认按钮!");
  else alert("当前是警告框,刚才你在确认框中单击了取消按钮!");
</script>
```

3) prompt(message,defaultText)方法

该方法用于显示一个提示框,并在其中包含一个文本框,该文本框能够接受用户输入的字符串数据。其中,参数 message 是显示给用户、起提示作用的字符串,参数 defaultText 是文本框中的默认字符串。该方法返回文本框中的字符串。

【例 13-3】　提示框。XHTML 文档主体中的 JavaScript 代码如下:

```
< script type = "text/javascript">
  var name = prompt("请在下方的文本框中输入您的姓名","比尔·盖茨")
  if (name == "") document.write("请在文本框中输入您的姓名!")
  else document.write("你好," + name + "!")
</script>
```

2. 打开新窗口和关闭窗口的方法

这类方法主要包括以下两种。

1) open（URL，name，features）方法

该方法用于打开一个新的 Web 浏览器窗口。各参数的含义和用法如下：

URL：一个可选的字符串，用于声明将要在新打开的 Web 浏览器窗口中显示的 HTML 文档的 URL。例如，"http://www.sina.com"表示在新打开的 Web 浏览器窗口中显示"新浪网"首页。如果省略了这个参数，或者它的值是空字符串，那么在新打开的 Web 浏览器窗口中将不会显示任何 HTML 文档。

name：一个可选的字符串，其中包括数字、字母和下划线，用于声明新打开的 Web 浏览器窗口的名称。

features：一个可选的字符串，该字符串是一个由逗号分隔的特征列表，用于声明新打开的 Web 浏览器窗口的特征。例如，"width=500，height=100"表示新打开的 Web 浏览器窗口的宽度为 500px、高度为 100px。其他常用的窗口特征及其声明方法如下：

- left：相对于屏幕左上角，Web 浏览器窗口的 x 坐标，以像素计。
- top：相对于屏幕左上角，Web 浏览器窗口的 y 坐标，以像素计。
- location：取值为 yes 或 no，表示是否显示地址栏，默认值是 yes。
- menubar：取值为 yes 或 no，表示是否显示菜单栏，默认值是 yes。
- toolbar：取值为 yes 或 no，表示是否显示工具栏，默认值是 yes。
- status：取值为 yes 或 no，表示是否显示状态栏，默认值是 yes。
- scrollbars：取值为 yes 或 no，表示是否显示水平和垂直滚动条，默认值是 yes。
- resizable：取值为 yes 或 no，表示是否可以调整窗口的大小，默认值是 yes。

如果省略 features 参数，新打开的 Web 浏览器窗口将具有标准特征。

open 方法将返回指代新打开的 Web 浏览器窗口的 window 对象，利用这个 window 对象可以操作新打开的 Web 浏览器窗口。

2) close()方法

该方法用于关闭一个 Web 浏览器窗口。

3. 定时操作的方法

有时需要利用 window 对象在 Web 浏览器窗口中进行定时操作，其目的主要有两个。一个是将某些操作延迟一段时间。例如打开某些网站的首页时，会同时打开一个临时的广告窗口，该广告窗口会在几十秒钟后自动关闭，相当于关闭该广告窗口的操作延迟几十秒钟后再执行。另一个则是周期性地执行某些操作。例如在网页中显示时钟，需要每隔一秒钟更新一次时间的显示；又如在网页上漂浮的广告图片，就是首先让广告图片在网页上的某个位置静止几毫秒，然后再更新广告图片在网页上的位置，相当于周期性地更新广告图片在 Web 浏览器窗口中的位置，这样即可产生广告图片在网页上漂浮的动画效果。

利用 window 对象进行定时操作，可以使用以下几个方法。

1) setTimeout("code"，millisec)方法

该方法用于设置定时器，在一段时间之后执行指定的 JavaScript 代码。各参数的含义和用法如下：

code：指定需要执行的 JavaScript 代码。可以是简短的 JavaScript 语句，也可以是 JavaScript 函数的调用语句。

millisec：在执行由参数 code 指定的 JavaScript 代码之前需要等待的时间，以毫秒计。

setTimeout 方法将为每个定时器分配一个唯一的 ID 值，且返回该定时器的 ID 值。

注意：setTimeout 方法只执行由参数 code 指定的 JavaScript 代码一次。

【例 13-4】　window 对象的 open、close 和 setTimeout 方法。XHTML 文档主体中的 XHTML 及 JavaScript 代码如下：

```
<body>
  <p>这是当前的 Web 浏览器窗口!</p>
  <script type = "text/javascript">
    newWindow = window.open("","","width = 500, height = 100")
    newWindow.document.write("这是新打开的 Web 浏览器窗口!")
    newWindow.document.write("这个新打开的 Web 浏览器窗口会在 20 秒钟之后自动关闭!")
    newWindow.setTimeout("close()",20000)
  </script>
</body>
```

以上 JavaScript 代码的执行过程如下：首先，在打开的 Web 浏览器窗口中显示"这是当前的 Web 浏览器窗口!"；然后，由当前 Web 浏览器窗口调用 open 方法，打开另一个新的 Web 浏览器窗口；接着，由新打开的 Web 浏览器窗口调用 write 方法，并在新打开的 Web 浏览器窗口中显示两个 write 方法中的文字；最后，由新打开的 Web 浏览器窗口调用 setTimeout 方法，在 20000 毫秒后调用 close 方法关闭自己。

2）clearTimeout(id_of_settimeout)方法

该方法用于清除由 setTimeout 方法设置的定时器。其中的参数 id_of_settimeout 是需要清除的定时器的 ID 值，该 ID 值是之前的某个 setTimeout 方法的返回值。

3）setInterval("code",millisec)方法

该方法用于设置定时器，每隔一段时间周期性地执行指定的 JavaScript 代码。各参数的含义和用法如下：

code：指定需要执行的 JavaScript 代码。可以是简短的 JavaScript 语句，也可以是 JavaScript 函数的调用语句。

millisec：周期性执行由参数 code 指定的 JavaScript 代码之间的时间间隔，以毫秒计。

同样，setInterval 方法将为每个定时器分配一个唯一的 ID 值，且返回该定时器的 ID 值。

4）clearInterval(id_of_setinterval)方法

该方法用于清除由 setInterval 方法设置的定时器。其中的参数 id_of_setinterval 是需要清除的定时器的 ID 值，该 ID 值是之前的某个 setInterval 方法的返回值。

注意：setTimeout 和 setInterval 方法的区别在于，前者只执行由参数 code 指定的 JavaScript 代码一次，而后者则反复地执行由参数 code 指定的 JavaScript 代码，直到使用 clearInterval 方法清除由 setInterval 方法设置的定时器或关闭 Web 浏览器窗口。

13.1.3　screen 对象

screen 对象用于保存屏幕有关的各种信息。在 JavaScript 中使用这些信息可以实现特殊的显示要求。例如，根据有关屏幕尺寸的信息可将新打开的 Web 浏览器窗口定位在屏幕的左上角或右下角。screen 对象的常见属性及其含义如下：

availHeight：屏幕的可用高度（除 Windows 任务栏之外），以像素计。

availWidth：屏幕的可用宽度，以像素计。

height：屏幕的高度，以像素计。

width：屏幕的宽度，以像素计。

在很多情况下，屏幕的高度（height）大于屏幕的可用高度（availHeight），而屏幕的宽度（width）则等于屏幕的可用宽度（availWidth）。

13.2　文档对象模型及 HTML 文档树

与 BOM 不同，文档对象模型（Document Object Model，DOM）定义了访问和处理 HTML 文档的标准接口和方法，它使得 JavaScript 对 HTML 文档有了空前的访问和处理能力。基于 DOM，可以完成 JavaScript 对 HTML 元素的深层次操作——或者修改 HTML 元素的内容，或者修改 HTML 元素的属性。

在 DOM 中，HTML 文档中的每个成分都是一个节点（Node）。DOM 规定：

（1）整个 HTML 文档对应一个文档节点（Document Node）。

（2）每个 HTML 元素是一个元素节点（Element Node）。

（3）HTML 元素的每个属性是一个属性节点（Attribute Node）。

（4）包含在 HTML 元素中的文本称为文本节点（Text Node）。

（5）注释属于注释节点（Comment Node）。

此外，在 DOM 中，HTML 文档中的所有节点组成了一个 HTML 文档树（也称 HTML 节点树）。例如，以下 HTML 代码

```html
<html>
  <head>
    <title>文档标题</title>
  </head>
  <body>
    <a href="#">文本链接</a>
    <h1>一级标题</h1>
  </body>
</html>
```

即对应于图 13-2 中的 HTML 文档树：

图 13-2　HTML 文档树

　　HTML 文档及其中的每个元素、属性、文本和注释等都对应着 HTML 文档树中的一个节点。HTML 文档树起始于文档节点(Document Node),并由此继续向下伸出枝条,直到 HTML 文档树中级别最低的节点为止。

　　在 HTML 文档树中,每个节点处于不同的层次和位置,并且其中的某些节点彼此间存在一定的关系。

　　除文档节点 document 外,每个节点都有一个唯一的父节点(Parent)。例如,在图 13-2 的 HTML 文档树中,html 元素节点的父节点是文档节点 document,head 和 body 两个元素节点的父节点是 html 元素节点,文本节点"文档标题"的父节点是 title 元素节点。

　　除 br 等某些空元素节点外,大部分元素节点都会有子节点(Child)。例如,在图 13-2 的 HTML 文档树中,head 元素节点有一个子节点,即 title 元素节点;h1 元素节点也有一个子节点,即文本节点"一级标题";而 body 元素节点则有两个子节点,一个是 a 元素节点,另一个是 h1 元素节点。

　　当几个节点共享同一个父节点时,它们就是同辈(Sibling)。例如,在图 13-2 的 HTML 文档树中,a 和 h1 两个元素节点就是同辈,因为它们的父节点均是 body 元素节点。

　　一个节点也可以拥有后代(Descendant),后代指某个节点的所有子节点,或者这些子节点的子节点,以此类推。例如,在图 13-2 的 HTML 文档树中,所有的文本节点都是 html 元素节点的后代,而文本节点"文档标题"也是 head 元素节点的后代。

　　一个节点还可以拥有先辈(ancestor),先辈指某个节点的父节点,或者这些父节点的父节点,以此类推。例如,在图 13-2 的 HTML 文档树中,所有的文本节点都可把 html 元素节点作为先辈。

　　在 JavaScript 中,HTML 文档树的文档节点 document 以及每个元素节点都被看作一个对象。文档节点 document 对应的对象称为 document 对象,元素节点对应的对象称为元素对象。document 对象和元素对象都拥有属性,通过 document 对象和元素对象可以调用相应的方法。

13.2.1　使用 innerHTML 属性访问元素的内容

　　对应于 HTML 文档树中的元素节点,每个元素对象都有 innerHTML 属性,该属性值是一个字符串。对于 br、img 等空元素对象,innerHTML 属性值是空字符串,即""。而对于非空元素对象,innerHTML 属性值是位于元素的开始标签和结束标签之间的 HTML 代码。例如,对于以下 HTML 代码

```
<p id = "p1">这是一个段落</p>
<div id = "d2">这是一个<strong>块</strong></div>
```

p 元素对象的 innerHTML 属性值就是"这是一个段落",而 div 元素对象的 innerHTML 属性值就应该是"这是一个块"。

　　注意:元素的属性和元素对象的属性是两个不同的概念。元素的属性出现在 HTML 文档中某个元素的开始标签中,而元素对象的属性是指 HTML 文档树中某个元素节点(对象)所具有的属性。

13.2.2　调用 getElementById 方法访问 HTML 文档树中的元素节点

在 HTML 文档中某个元素的开始标签内可以使用 id 属性及属性值唯一地标识该元素。因此,对于指定的 id 属性值,在 HTML 文档中只可能存在唯一的具有该 id 属性值的元素。而通过 document 对象调用 getElementById 方法,即可根据指定的 id 属性值返回 HTML 文档树中唯一的具有该 id 属性值的元素节点,无论这个元素节点位于 HTML 文档树中的任何位置。

调用 getElementById 方法的具体语法为:

```
document.getElementById("id_of_element");
```

其中的参数 id_of_element 是某个 HTML 元素在其开始标签中的 id 属性值,该方法将返回 HTML 文档树中对应的元素节点(对象)。因此,该方法的返回值属于 object 类型。

【例 13-5】　调用 getElementById 方法,并使用 innerHTML 属性获取和设置元素的内容。XHTML 文档主体中的 XHTML 及 JavaScript 代码如下:

```
<body>
  <p id = "p1">这是一个段落</p>
  <div id = "d2">这是一个<strong>块</strong></div>
  <script type = "text/javascript">
    var aElement = document.getElementById("p1");
    alert("变量 aElement 的类型是: " + typeof(aElement));
    alert("id 属性值为 p1 的元素的内容是: " + aElement.innerHTML);

    aElement = document.getElementById("d2");
    alert("id 属性值为 d2 的元素的内容是: " + aElement.innerHTML);

    var r = confirm("是否改变 id 属性值为 d2 的元素的内容?");
    if (r == true) aElement.innerHTML = "这是一个块"
  </script>
</body>
```

注意: getElementById 方法的返回值属于 object 类型。

【例 13-6】　使用 setInterval 方法实现时钟。XHTML 及 JavaScript 代码如下:

```
<!DOCTYPE html PUBLIC " - //W3C//DTD XHTML 1.0 Strict//EN"
  "http://www.w3.org/TR/xhtml1/DTD/xhtml1 - strict.dtd">
<html xmlns = "http://www.w3.org/1999/xhtml">
  <head>
    <meta http - equiv = "Content - Type" content = "text/html; charset = gb2312"/>
    <title>使用 setInterval 方法实现时钟</title>
    <script type = "text/JavaScript">
      function displayTime() {
        //根据元素 id 获取元素
        var aElement = document.getElementById("clock");
        //使用 Date 对象的 toLocaleString 方法将时间转换成当地格式
        var timeString = (new Date()).toLocaleString();
        //将时间显示在 aElement 元素的内部
```

```
                 aElement.innerHTML = timeString;
            }
        </script>
    </head>
    <body>
        <div id = "clock"></div>
        <script type = "text/JavaScript">
            //每隔5秒显示一次时间
            window.setInterval("displayTime()",5000);
        </script>
    </body>
</html>
```

注意：代码 window.setInterval("displayTime()",5000) 设置了一个定时器，该定时器能够控制每隔 5 秒钟调用一次 displayTime 函数，但第一次调用 displayTime 函数也是在 5 秒钟之后。所以，使用 Web 浏览器打开该 XHTML 文档后，需要过 5 秒钟才会在网页上第一次显示时间。

在 getElementById 方法和 innerHTML 属性的基础上，结合使用 window 对象的 setInterval 和 clearInterval 方法，可以在网页上使显示的字符串产生一种"打字效果"——每次仅多显示一个字符。

【例 13-7】 打字效果的字符串（仅显示一次）。XHTML 及 JavaScript 代码如下：

```
<!DOCTYPE html PUBLIC " - //W3C//DTD XHTML 1.0 Strict//EN"
    "http://www.w3.org/TR/xhtml1/DTD/xhtml1 - strict.dtd">
<html xmlns = "http://www.w3.org/1999/xhtml">
    <head>
        <meta http - equiv = "Content - Type" content = "text/html; charset = gb2312"/>
        <title>打字效果的字符串(仅显示一次)</title>
        <script type = "text/javascript">
            function displayTextString(){
                if (charNum <= textString.length){
                    txt = textString.substr(0,charNum++);
                    document.getElementById("idForTextString").innerHTML = txt;
                }
                else clearInterval(timerID);
            }
        </script>
    </head>

    <body onunload = "clearInterval(timerID);">
        <div id = "idForTextString"></div>
        <script type = "text/javascript">
            var textString = "打字效果的字符串";
            var charNum = 1;      //每次显示的字符数
            var timerID;          //定时器 ID
            var speed = 1000;     //控制打字的速度

            timerID = setInterval("displayTextString()",speed);
        </script>
```

```
</body>
</html>
```

注意：

（1）由 setInterval 方法设置的定时器将一直起作用，直至使用 clearInterval 方法清除该定时器（或关闭 Web 浏览器窗口）。因此，如果不再需要 Interval 定时器，就应该及时使用 clearInterval 方法清除，这样可以防止定时器占用不必要的内存和 CPU 资源。

（2）在 displayTextString 函数中，如果去掉 if 语句中的 else 部分，displayTextString 函数将在 Interval 定时器的控制下反复执行，直至关闭 Web 浏览器。

13.2.3　调用 getElementsByTagName 方法访问 HTML 文档树中的元素节点

除 getElementById 方法外，在 JavaScript 中还可以调用 getElementsByTagName 方法，访问 HTML 文档树中一组同名的元素节点（对象）。

调用 getElementsByTagName 方法的具体语法为：

```
document.getElementsByTagName ("element_name");
```

其中的参数 element_name 是某个 HTML 元素的名称，该方法将返回 HTML 文档树中名称为 element_name 的所有元素节点（对象）的集合。因此，该方法的返回值是一个包含一组元素对象的数组，是一个 Array 对象，属于 object 类型。

【例 13-8】　调用 getElementsByTagName 方法访问 HTML 文档树中的一组元素节点。XHTML、CSS 及 JavaScript 代码如下：

```
<!DOCTYPE html PUBLIC " - //W3C//DTD XHTML 1.0 Strict//EN"
    "http://www.w3.org/TR/xhtml1/DTD/xhtml1 - strict.dtd">
<html xmlns = "http://www.w3.org/1999/xhtml">
  <head>
   <style type = "text/css">
      .newImg { padding - left:35px; background - image:url("new.gif"); background - repeat:no
 - repeat; color:red; }
   </style>
   <title>使用 getElementsByTagName 方法访问元素节点</title>
  </head>
  <body>
   <p id = "New - 20160501">Java 程序设计基础</p>
   <p id = "New - 20130501">Web标准网页设计原理与制作技术</p>
   <p>SQL Server 2005 数据库技术与应用实用教程</p>

   <script type = "text/javascript">
    //假设 recentVisitDate 是上次页面访问日期
    //Date(2013,4,11)表示 2013 年 5 月 11 日
    var recentVisitDate = new Date(2013,4,11);

    var allPs = document.getElementsByTagName("p");
    for (var i = 0;i < allPs.length;i++){
      if (allPs[i].id.indexOf("New - ")!= - 1){
```

```
            var yyyy = parseInt(allPs[i].id.substring(4,8));
            var mm = parseInt(allPs[i].id.substring(8,10));
            var dd = parseInt(allPs[i].id.substring(10,12));
            var publicationDate = new Date(yyyy,mm - 1,dd);
            if (publicationDate.getTime()> recentVisitDate.getTime())
              allPs[i].className + = "newImg";
          }
        }
    </script>
    </body>
</html>
```

上述 XHTML 文档在头部首先定义了一个将作用于某些 p 元素的 CSS 类选择器（.newImg），该类选择器的作用是在段落内容的左侧添加 35 像素的填充，并将图像 new.gif 放在背景中，但只平铺一次。由于 35 像素的左填充可以确保段落左侧是空白的，所以这个背景图像看起来只是位于段落左侧的一个图标。此外，该类选择器会将段落内文本的颜色设置为红色。

在 XHTML 文档的主体使用三个 p 元素定义了三个段落，每个段落内的文本代表一个书名。此外，在前两个 p 元素的开始标签中使用了 id 属性，id 属性值中的最后 8 个字符表示一本新书的出版日期。例如，代码"<p id = "New-20160501">Java 程序设计基础</p>"表示新书《Java 程序设计基础》的出版日期是 2016 年 5 月 1 日。

在 XHTML 文档主体的 JavaScript 中，首先创建了 Date 对象 recentVisitDate，用以表示用户上次访问该页面的日期。然后通过 document 对象调用 getElementsByTagName 方法获取了 XHTML 文档主体中的三个 p 元素，并将这三个 p 元素保存于 Array 对象 allPs 中。

在 for 循环中，对 Array 对象 allPs 中的每个 p 元素依次进行访问。

关系表达式"allPs[i].id.indexOf("New-")! = -1"用来判断在第 i+1 个 p 元素（即 allPs[i]）的 id 属性值中是否出现字符串"New-"。如果字符串"New-"出现在 id 属性值中，该关系表达式的值为 true，表示该 p 元素内容中的书名是一本新书，并将执行以下操作。

对应于出现字符串"New-"的 p 元素的 id 属性值，代码"allPs[i].id.substring(4,8)"表示新书出版日期中的"年"字符串，调用 parseInt 方法可以将"年"字符串转换为整数，并将该整数存储于变量 yyyy。类似地，变量 mm 和 dd 分别存储新书出版日期中的"月"和"日"。然后使用变量 yyyy、mm 和 dd 中的"年"、"月"和"日"数据创建 Date 对象 publicationDate。

如果新书的"出版日期"晚于"上次页面访问日期"，则关系表达式 publicationDate.getTime()>recentVisitDate.getTime() 的值为 true，即通过代码 allPs[i].className + = "newImg" 在 p 元素上应用类选择器（.newImg）及其中的样式。在本例中，由于《Java 程序设计基础》一书的"出版日期"晚于"上次页面访问日期"，所以在书名"Java 程序设计基础"的前面会出现一个"new"图标，并以红色字体显示，如图 13-3 所示。

注意：

（1）不仅 getElementsByTagName 方法返回的数组属于 object 类型，而且该数组中的每个元素对象也属于 object 类型。因此，上述代码中的 allPs 指代一个 Array 对象，allPs[i] 指代 HTML 文档树中的一个 p 元素节点。

（2）使用 JavaScript 可以在 HTML 元素的开始标签中添加属性及其相关联的值。在

图 13-3　在新书前添加"new"图标

本例中,代码 allPs[i].className＋="newImg" 能够在第一个 p 元素的开始标签中添加代码 class="newImg"。这样,第一个 p 元素的开始标签的完整代码就变为 ＜p id="New-20160501" class="newImg"＞。所以,在网页文本"Java 程序设计基础"的前面会出现一个"new"图标。

13.3　事件及其处理

事件(Event)是 JavaScript 和 DOM 之间进行交互的桥梁。当某个事件发生时,可以通过对应的事件处理函数(Event Handler)执行特定的 JavaScript 代码。例如,Web 浏览器加载 HTML 文档完毕时,会触发 load 事件;当单击元素的内容时,会触发 click 事件。通过在相应的事件处理函数中使用 JavaScript,就可以实现对事件的响应,如弹出一个警告框并在其中给出提示信息。

13.3.1　事件的类型

根据事件的来源或触发事件的原因,可以将与 JavaScript 编程有关的常见事件分为窗口事件、表单事件、鼠标事件和键盘事件四种类型。表 13-1 列出了这些事件、与事件关联的元素及属性。

表 13-1　事件、与事件关联的元素及属性

事件分类	事 件 描 述	典型的关联元素	相 关 属 性
窗口事件	Web 浏览器加载 HTML 文档	body	onload
	Web 浏览器卸载 HTML 文档	body	onunload
	改变 Web 浏览器窗口大小	body	onresize
表单事件	提交表单	form	onsubmit
	重置表单	form	onreset
	选取元素	input	onselect
	元素值发生改变	input	onchange
	元素获得焦点	input	onfocus
	元素失去焦点	input	onblur

续表

事件分类	事 件 描 述	典型的关联元素	相 关 属 性
鼠标事件	按下鼠标	input、div、span 等大多数元素	onmousedown
	松开鼠标	input、div、span 等大多数元素	onmouseup
	单击鼠标	input、div、span 等大多数元素	onclick
	双击鼠标	input、div、span 等大多数元素	ondblclick
	鼠标指针悬停在元素上	input、div、span 等大多数元素	onmouseover
	鼠标指针移出元素	input、div、span 等大多数元素	onmouseout
	移动鼠标指针	input、div、span 等大多数元素	onmousemove
键盘事件	按下键盘	input、div、span 等大多数元素	onkeydown
	松开键盘	input、div、span 等大多数元素	onkeyup
	按下键盘后又松开键盘	input、div、span 等大多数元素	onkeypress

从表 13-1 可知，在 HTML 文档及 JavaScript 中，一个事件可以与某个 HTML 元素关联，而且还要与该 HTML 元素的特定属性联系在一起。例如，"Web 浏览器加载 HTML 文档"事件不仅与 body 元素关联，而且还要与 body 元素的 onload 属性联系在一起。又如，"单击鼠标"事件不仅与某个 div 元素关联，而且还要与这个 div 元素的 onclick 属性联系在一起。

13.3.2　在 HTML 元素的开始标签中处理事件

在 HTML 元素的开始标签中，通过相关属性值可以调用事件处理函数，完成相应的事件处理任务。

【例 13-9】　在 HTML 元素的开始标签中处理事件。XHTML 及 JavaScript 代码如下：

```
<!DOCTYPE html PUBLIC " - //W3C//DTD XHTML 1.0 Strict//EN" "http://www.w3.org/TR/xhtml1/DTD/
xhtml1 - strict.dtd">
< html xmlns = "http://www.w3.org/1999/xhtml">
  < head >
    < meta http - equiv = "Content - Type" content = "text/html; charset = gb2312"/>
    < title >在 HTML 元素的开始标签中处理事件</title >
    < script type = "text/javascript">
      function unloadEventHandler() { alert("unload 事件被触发!"); }
      function clickEventHandler() { alert("click 事件被触发!"); }
    </script >
  </head >
  < body onload = "alert('load 事件被触发!');" onunload = "unloadEventHandler();">
    < div onclick = "clickEventHandler();">用鼠标单击此处</div >
  </body >
</html >
```

在 XHTML 文档头部定义了 unloadEventHandler 和 clickEventHandler 两个函数。

上述 XHTML 及 JavaScript 代码涉及了三个事件。

（1）"Web 浏览器加载 HTML 文档"事件。该事件与 body 元素及其 onload 属性关联。这样，当"Web 浏览器加载 HTML 文档"时，onload 属性值中的 JavaScript 代码 alert（'load

事件被触发!')就会被直接执行。

（2）click 事件。该事件与 div 元素及其 onclick 属性关联，而且 onclick 属性值是 JavaScript 代码 clickEventHandler()。这样，当用鼠标单击 div 元素的文本内容"用鼠标单击此处"时，就会调用相应的事件处理函数——clickEventHandler 函数。

（3）"Web 浏览器卸载 HTML 文档"事件。该事件与 body 元素及其 onunload 属性关联，而且 onunload 属性值是 JavaScript 代码 unloadEventHandler()。这样，当"Web 浏览器卸载 HTML 文档"时，就会调用相应的事件处理函数——unloadEventHandler 函数。

上述三个事件的发生，都将启动对应 JavaScript 的执行。

13.3.3　使用 HTML 文档树的元素对象及有关属性处理事件

如前所述，在 JavaScript 中，HTML 文档树的每个元素节点都被看作一个对象，因此，每个元素对象可以拥有属性，并且可以使用元素对象及有关属性处理事件。

【例 13-10】　使用 HTML 文档树中的元素对象及有关属性处理事件。XHTML 及 JavaScript 代码如下：

```
<!DOCTYPE html PUBLIC " - //W3C//DTD XHTML 1.0 Strict//EN"
   "http://www.w3.org/TR/xhtml1/DTD/xhtml1 - strict.dtd">
<html xmlns = "http://www.w3.org/1999/xhtml">
  <head>
    <meta http - equiv = "Content - Type" content = "text/html; charset = gb2312"/>
    <title>使用 HTML 文档树的元素对象及有关属性处理事件</title>
    <script type = "text/javascript">
      function unloadEventHandler() { alert("unload 事件被触发!") }
      window.onunload = unloadEventHandler;
    </script>
  </head>
  <body onload = "alert('load 事件被触发!')">
    <div id = "myDiv">用鼠标单击此处</div>
    <script type = "text/javascript">
      var divElement = document.getElementById("myDiv");
      divElement.onclick = function() { alert("click 事件被触发!") };
      //以上两条语句可以改写为以下三行
      //document.getElementById("myDiv").onclick = function() {
      //  alert("click 事件被触发!");
      //}
    </script>
  </body>
</html>
```

与例 13-9 类似，上述 XHTML 及 JavaScript 代码涉及了三个相同的事件，但处理事件的方式略有不同。

（1）"Web 浏览器加载 HTML 文档"事件。与例 13-9 相同，该事件与 body 元素及其 onload 属性关联。这样，当"Web 浏览器加载 HTML 文档"时，onload 属性值中的 JavaScript 代码 alert('load 事件被触发!')就会被直接执行。

（2）click 事件。与例 13-9 不同，调用 clickEventHandler 函数的语句并没有出现在 div

元素的 onclick 属性值中,而是采用了另一种事件处理方式:首先使用 document 对象的 getElementById 方法在 HTML 文档树中获取了 id 属性值为 myDiv 的 div 元素对象,并将 该对象赋值给 object 类型的变量 divElement;然后,将一个函数定义直接赋值给变量 divElement(实质上是 id 属性值为 myDiv 的 div 元素对象)的 onclick 属性。这样,当用鼠标 单击 div 元素的文本内容"用鼠标单击此处"时,同样会调用相应的事件处理函数,并弹出一 个警告框。

(3)"Web 浏览器卸载 HTML 文档"事件。与例 13-9 类似,在 XHTML 文档头部定义 了事件处理函数 unloadEventHandler。但与例 13-9 不同,调用 unloadEventHandler 函数 的语句并没有出现在 body 元素的 onunload 属性值中,而是在 JavaScript 中将预先定义的 unloadEventHandler 函数赋值给了 window 对象的 onunload 属性。这样,当"Web 浏览器 卸载 HTML 文档"时,同样会调用相应的事件处理函数——unloadEventHandler 函数。

13.4 事件的综合处理

在 JavaScript 中,不仅可以处理窗口事件和鼠标事件,也能够处理表单事件。而在处理 表单事件时,有时还需要动态地调整某些控件的工作状态。如图 13-4(a),打开"带有开始按 钮和停止按钮的计数器"网页后,"计数器"进入预备状态——启用"开始计数"按钮、禁用"停 止计数"按钮。对于处于预备状态的计数器,单击"开始计数"按钮后,"计数器"进入如 图 13-4(b)的计数状态——禁用"开始计数"按钮、启用"停止计数"按钮,并在文本框中定期 地更新计数值。对于处于计数状态的计数器,单击"停止计数"按钮后,"计数器"重新进入如 图 13-4(c)的预备状态——启用"开始计数"按钮、禁用"停止计数"按钮,并在文本框中显示 最终的计数值。

(a) "计数器"处于预备状态　　　　(b) "计数器"进入计数状态

(c) "计数器"重新进入预备状态

图 13-4　带有开始按钮和停止按钮的计数器

【例 13-11】　带有开始按钮和停止按钮的计数器。XHTML 及 JavaScript 代码如下:

```
<!DOCTYPE html PUBLIC " - //W3C//DTD XHTML 1.0 Strict//EN"
    "http://www.w3.org/TR/xhtml1/DTD/xhtml1 - strict.dtd">
<html xmlns = "http://www.w3.org/1999/xhtml">
  <head>
    <meta http - equiv = "Content - Type" content = "text/html; charset = gb2312"/>
    <title>带有开始按钮和停止按钮的计数器</title>
    <script type = "text/javascript">
      var counter;      //计数器
      var timerID;      //定时器 ID

      function getReady(){
        counter = 0;    //计数器清零(初始化)
        document.getElementById('beginButton').disabled = false; //启用"开始计数"按钮
        document.getElementById('stopButton').disabled = true;    //禁用"停止计数"按钮
      }

      function refreshCounter(){
        document.getElementById('txt').value = counter;    //显示计数器的最新值
        counter++;                                          //更新计数器的值
      }

      function beginCount(){
        document.getElementById('beginButton').disabled = true;   //禁用"开始计数"按钮
        document.getElementById('stopButton').disabled = false;   //启用"停止计数"按钮
        refreshCounter();                                         //显示计数器的初始值 0
        timerID = setInterval("refreshCounter()",1000);          //设置 Interval 定时器
      }

      function stopCount(){
        getReady();
        clearInterval(timerID);                                   //清除 Interval 定时器
      }
    </script>
  </head>

  <body onload = "getReady()">
    <form action = "">
      <input type = "button" id = "beginButton" value = "开始计数" onclick = "beginCount()"/>
      <input type = "text" id = "txt"/>
      <input type = "button" id = "stopButton" value = "停止计数" onclick = "stopCount()"/>
    </form>
  </body>
</html>
```

上述 XHTML 文档中定义了一个表单,其中包含一个文本框和两个按钮。这三个控件对应的 input 元素的开始标签中均使用了 id 属性,这样可以唯一地标识每个 input 元素。单击"开始计数"按钮,将触发 onclick 事件,并调用 beginCount 函数,启动计数器并开始计数。单击"停止计数"按钮,同样可以触发 onclick 事件,但是调用 stopCount 函数,将关闭计数器并停止计数。

在上述 JavaScript 中定义了全局变量 counter 和 timerID，counter 用作计数器，而 timerID 则用作定时器 ID。

此外，在 XHTML 文档头部定义了 getReady、refreshCounter、beginCount 和 stopCount 四个函数。

在 getReady 函数中，首先为全局变量赋值 0，代表计数器清零，然后启用"开始计数"按钮，并禁用"停止计数"按钮。这样，调用 getReady 函数能够让"计数器"进入预备状态。

在 refreshCounter 函数中，首先通过 document 对象调用 getElementById 方法，以访问 id 属性值为 txt 的 input 元素，并在其对应的文本框中显示计数器的最新值，然后通过对全局变量 counter 累加 1 更新计数器的值。

在 beginCount 函数中，首先禁用"开始计数"按钮，并启用"停止计数"按钮；然后通过调用 refreshCounter 函数显示计数器的初始值 0；最后，调用 setInterval 方法设置一个定时器，该定时器能够控制每隔 1 秒钟调用 refreshCounter 函数一次，这样就能在表单的文本框中定期显示计数器的最新值。

在 stopCount 函数中，首先通过调用 getReady 函数让"计数器"重新进入预备状态，然后清除 Interval 定时器。

在 XHTML 文档主体中，三个 HTML 元素的开始标签中都对相应的事件进行了处理。在 body 元素的开始标签中处理了"Web 浏览器加载 HTML 文档"所触发的 load 事件，在 id 属性值为 beginButton 的 input 元素的开始标签中处理了单击"开始计数"按钮所触发的 click 事件，在 id 属性值为 stopButton 的 input 元素的开始标签中处理了单击"停止计数"按钮所触发的 click 事件。

13.5 小结

BOM 和 DOM 为 JavaScript 编程提供了更多的功能。在 JavaScript 中使用 BOM 提供的专门对象可以与 Web 浏览器窗口进行交互，而 DOM 则使得 JavaScript 对 HTML 文档有了空前的访问和处理能力。

在 BOM 中，window 对象是核心。通过 window 对象调用 setTimeout 方法可以设置定时器，在一段时间之后执行指定的 JavaScript 代码；而通过 window 对象调用 setInterval 方法设置定时器，则可以每隔一段时间周期性地执行指定的 JavaScript 代码。

基于 DOM，可以完成 JavaScript 对 HTML 元素的深层次操作——或者修改 HTML 元素的内容，或者修改 HTML 元素的属性。

在 DOM 中，文档节点、元素节点、属性节点、文本节点和注释节点一起构成具有层次结构的 HTML 文档树。

在 JavaScript 中，HTML 文档树的文档节点 document 以及每个元素节点都被看作一个对象。文档节点 document 对应的对象称为 document 对象，元素节点对应的对象称为元素对象。document 对象和元素对象都拥有属性，通过 document 对象和元素对象可以调用相应的方法。

使用元素对象的 innerHTML 属性，可以获取和设置元素的内容。

通过 document 对象调用 getElementById 方法，可以根据指定的 id 属性值返回 HTML

文档树中唯一的具有该 id 属性值的元素节点。通过 document 对象调用 getElementsByTagName 方法,可以访问 HTML 文档树中一组同名的元素节点(对象)。

事件是 JavaScript 和 DOM 之间进行交互的桥梁。当某个事件发生时,可以通过对应的事件处理函数执行特定的 JavaScript 代码。

在 HTML 元素的开始标签中,可以通过相关属性值调用事件处理函数,完成相应的事件处理任务。

13.6 习题

1. 制作一个网页(HTML 文档名为 ex-13-1. htm),当用 Web 浏览器打开该网页时,会在屏幕的右下角同时打开一个临时的广告窗口(HTML 文档名为 adWindow. htm),该广告窗口会在三十秒钟后自动关闭。在该广告窗口中单击一个广告图片,又可以在一个新的 Web 浏览器窗口中打开广告图片所链接网站的首页。

2. 在例 13-7 的 displayTextString 函数中,将 if 语句中的 else 部分改写为

esle document. getElementById("idForTextString"). innerHTML = "charNum = " + (charNum++);

然后重新用 Web 浏览器打开 XHTML 文档,观察网页上字符串的变化情况,分析并说明其原因。

3. 在例 13-7 中,"打字效果的字符串"仅显示一次,改写 JavaScript,使"打字效果的字符串"循环显示。

4. 使用 HTML 文档树的元素对象及有关属性处理事件,改写例 13-11。

5. 参照例 13-11,在网页中制作如图 13-5 所示的带有开始、暂停\继续和停止三个按钮的计数器。

(1) 打开网页后,"计数器"进入如图 13-5(a)的预备状态——启用"开始"按钮、禁用"暂停"和"停止"按钮。

(2) 对于处于预备状态的计数器,单击"开始"按钮后,"计数器"进入如图 13-5(b)的计数状态——禁用"开始"按钮、启用"暂停"和"停止"按钮,并在文本框中定期地更新计数值。

(3) 对于处于计数状态的计数器,如果单击"暂停"按钮,"计数器"将进入如图 13-5(c)的暂停状态——将"暂停"按钮转变为"继续"按钮,即禁用"开始"按钮、启用"继续"和"停止"按钮,并在文本框中固定显示计数值。如果单击"停止"按钮,"计数器"将重新进入如图 13-5(d)的预备状态——启用"开始"按钮、禁用"暂停"和"停止"按钮,并在文本框中显示最终的计数值。

(4) 对于处于暂停状态的计数器,如果单击"继续"按钮,"计数器"将再次进入如图 13-5(b)的计数状态——"继续"按钮转变为"暂停"按钮,禁用"开始"按钮、启用"暂停"和"停止"按钮,并在文本框中定期地更新计数值。如果单击"停止"按钮,"计数器"将重新进入如图 13-5(d)的预备状态——"继续"按钮转变为"暂停"按钮,启用"开始"按钮、禁用"暂停"和"停止"按钮,并在文本框中显示最终的计数值。

(a) "计数器"处于预备状态   (b) "计数器"进入计数状态

(c) "计数器"处于暂停状态   (d) "计数器"重新进入预备状态

图 13-5　带有开始、暂停\继续和停止三个按钮的计数器

第14章

Cookie 技术及其应用

Cookie 是一种允许网页中的 JavaScript 把少量数据存储到浏览该网页的计算机硬盘，并从计算机硬盘读取这些数据的技术。

14.1 创建和查看 Cookie

用户在浏览或登录网站时，都需要在客户端计算机使用 Web 浏览器加载来自 Web 服务器的网页。某些网页中的 JavaScript 能够在客户端计算机的硬盘上创建一个非常小的文本文件，并在其中记录用户名、密码、浏览网页的时间、浏览过的网页、在网页上停留的时间等多项信息，其中的每项信息即对应一个 Cookie，并以"名称/值对"（Name-Value Pairs）的形式储存在该文本文件中。相应地，这种存储多项 Cookie 信息的文本文件称为 Cookie 文件。

同理，在存储于本地计算机的 HTML 文档中使用 JavaScript，也可以实现在本地计算机硬盘上创建 Cookie 文件，并将多项 Cookie 信息写入 Cookie 文件的功能。

14.1.1 创建 Cookie

在 JavaScript 中，将一项 Cookie 的"名称/值对"及其他数据赋值给 document 对象的 cookie 属性，即可创建该 Cookie，并将该 Cookie 写入 Cookie 文件。

【例 14-1】 创建 Cookie。XHTML 及 JavaScript 代码如下：

```
<!DOCTYPE html PUBLIC " - //W3C//DTD XHTML 1.0 Strict//EN"
    "http://www.w3.org/TR/xhtml1/DTD/xhtml1 - strict.dtd">
< html xmlns = "http://www.w3.org/1999/xhtml">
  < head >
    < meta http - equiv = "Content - Type" content = "text/html; charset = gb2312"/>
    < title >创建 Cookie</title >
    < script type = "text/javascript">
      function setCookie(name, value, outDays){
        var expireDate = new Date();
        expireDate.setDate(expireDate.getDate() + outDays);
        expireDate = expireDate.toGMTString();
        document.cookie = name + " = " + value + ";expires = " + expireDate;
      }
    </script >
  </head >
```

```
<body>
  <script type = "text/javascript">
    setCookie('UserName','lisi',3);
    setCookie('Password','xhu',5);
    var today = new Date();
    setCookie('LastVisitDate',today.toGMTString(),0);
    document.write("用户名和密码已写入 Cookie 文件!");
  </script>
</body>
</html>
```

在上述代码中,setCookie 函数的作用即是创建一项 Cookie,并将该 Cookie 写入相应的 Cookie 文件。该函数的前两个参数 name 和 value 为 Cookie 的"名称/值对"提供相应的字符串数据。

Cookie 文件中的每项 Cookie 都有一个截止期限(Expire Date)。如果系统的日期/时间超过某项 Cookie 的截止期限,系统会自动从 Cookie 文件删除该项 Cookie 信息。setCookie 函数的第三个参数 outDays 是一个表示延迟天数的整数,变量 expireDate 表示参照 Cookie 的创建时间,在此基础上延迟 outDays 天数而设置的截止期限。

将一项 Cookie 的"名称/值对"及其截止期限赋值给 document 对象的 cookie 属性,即可创建该 Cookie,并将该 Cookie 写入 Cookie 文件。

在 XHTML 文档的主体,调用了三次 setCookie 函数,试图将 UserName、Password 和 LastVisitDate 三项 Cookie 信息依次写入 Cookie 文件。

使用 Web 浏览器打开该 HTML 文档,即可创建 Cookie、并将 Cookie 写入 Cookie 文件。

注意:

(1) 在将一项 Cookie 的"名称/值对"及其截止期限赋值给 document 对象的 cookie 属性之前,必须调用 toGMTString 方法将 expireDate 对象中的日期/时间转换为 GMT 格式的字符串。

(2) 在将一项 Cookie 的"名称/值对"及其截止期限赋值给 document 对象的 cookie 属性时,Cookie 的"名称/值对"之后的字符串必须是";expires="+expireDate。

(3) 在第三次调用 setCookie 函数,试图将 LastVisitDate 写入 Cookie 文件时,由于第三个参数为 0,该项 Cookie 的创建时间与截止期限相同,因此,最终并不会将 LastVisitDate 写入 Cookie 文件。

14.1.2 查看 Cookie

Cookie 文件在计算机硬盘上的存放位置与所使用的操作系统和 Web 浏览器密切相关。下面以 Windows XP 和 IE 8 为例,介绍在计算机硬盘上查看 Cookie 文件及其中各项 Cookie 信息的方法。

(1) 打开 IE 8,在菜单中选择"工具"|"Internet 选项"命令,可以打开"Internet 选项"对话框。如图 14-1 所示,在"Internet 选项"对话框的"常规"选项卡中单击"删除"按钮,可以打开"删除浏览的历史记录"对话框,在其中确保仅选中"Internet 临时文件"复选框,然后单击"删除"按钮,即可删除 Internet 临时文件,同时返回"Internet 选项"对话框。

图 14-1　删除 Internet 临时文件

（2）如图 14-2 所示，在"Internet 选项"对话框中单击"设置"按钮，可以打开"Internet 临时文件和历史记录设置"对话框，单击其中的"查看文件"按钮，即可打开存放 Cookie 文件的临时文件夹。

图 14-2　打开存放 Cookie 文件的临时文件夹

如图 14-3 所示，在使用 Windows XP 和 IE 8 的计算机中，存放 Cookie 文件的默认文件夹为 C：\Documents and Settings\Administrator\Local Settings\Temporary Internet Files，文件夹路径中的 Administrator 表示 Windows 用户名，Windows 用户名可以随实际的 Windows 系统用户而变化。

图 14-3　存放 Cookie 文件的默认文件夹

在图 14-3 的文件夹中,"Internet 地址"列表示创建 Cookie 文件的网页在 Web 服务器或本地计算机硬盘上的位置及路径。例如,图 14-3 中名称为"ch14/"的 Cookie 文件即是由例 14-1 中的 HTML 文档及其中的 JavaScript 创建的,该 HTML 文档在本地计算机硬盘上的路径是 E:\Web Page\exercise\ch14。

在例 14-1 中共有三次 setCookie 函数调用,试图将 UserName、Password 和 LastVisitDate 三项 Cookie 信息写入 Cookie 文件。其中第二次 setCookie 函数调用中的 outDays 最大(5 天),所以图 14-3 中对应"ch14/"Cookie 文件的"截止期限"比"上次修改时间"迟 5 天。

双击"ch14/"Cookie 文件,Windows 系统会提示可能存在潜在的安全风险。但实际上打开 Cookie 文件是安全的,因为 Cookie 文件是文本文件,其中不存在任何可执行的程序代码。在如图 14-4 所示的 Cookie 文件中保存有 UserName 和 Password 两项 Cookie,每项 Cookie 信息由三个部分构成——第一部分是"名称/值对",这部分是根据 setCookie 函数的第一个和第二个参数(name 和 value)生成的;第二部分是创建 Cookie 的网页(HTML 文档)在本地计算机硬盘上的位置及路径,这部分是由 Windows 系统自动生成的;第三部分是经过重新编码的 Cookie 截止期限,这部分是根据 setCookie 函数中的 Date 对象 expireDate 生成的。

图 14-4　Cookie 的结构

注意:

(1) 在例 14-1 中,第三次 setCookie 函数调用试图将"LastVisitDate"Cookie 信息写入 Cookie 文件,但 setCookie 函数调用中的第三个参数(outDays)为 0。此时,由于截止期限不迟于 Cookie 的创建时间,最终并不能将"LastVisitDate"Cookie 信息写入 Cookie 文件。所以,在图 14-4 所示的 Cookie 文件中只有 UserName 和 Password 两项 Cookie 信息,而没有"LastVisitDate"Cookie 信息。

(2) 图 14-4 中,每项 Cookie 信息的第二部分表示创建 Cookie 的网页在本地计算机硬盘上的位置及路径。由于 HTML 文档在计算机硬盘上存储位置的不同,Cookie 文件中的这部分会有所差异。类似地,因为使用 Web 浏览器打开 HTML 文档的时间不同,表示 Cookie 截止期限的第三部分也会不一样。

14.2　插入、修改和删除 Cookie

在调用例 14-1 中的 setCookie 函数时，只要第三个参数（outDays）是大于零的整数，Cookie 的截止期限就会迟于 Cookie 的创建时间。此时，可以将新的 Cookie 信息插入 Cookie 文件；但如果第一个参数 name 中的字符串与 Cookie 文件中已有的某项 Cookie 的名称一致，则只会修改对应的 Cookie 信息。

另一方面，在调用 setCookie 函数时，若第三个参数 outDays 是零或负整数，Cookie 的截止期限就不会迟于 Cookie 的创建时间。此时，不能将新的 Cookie 信息插入 Cookie 文件；如果第一个参数 name 中的字符串与 Cookie 文件中某项 Cookie 的名称一致，则会在 Cookie 文件中删除该 Cookie 信息。

因此，只要正确地调用 setCookie 函数，既可以在 Cookie 文件中插入新的 Cookie 信息，又可以修改和删除已有的 Cookie 信息。

【例 14-2】　使用 setCookie 函数插入、修改和删除 Cookie 信息。具体步骤如下。

（1）将例 14-1 XHTML 文档主体中的 JavaScript 改为如下代码，并将 XHTML 文档另存为"14-2. htm"。

```
< script type = "text/javascript">
  var today = new Date();
  setCookie('LastVisitDate',today.toGMTString(),3);   //插入 Cookie
  setCookie('UserName','zhangsan',3);   //修改 Cookie
  setCookie('Password','xihua',0);        //删除 Cookie
  document.write("成功插入上次浏览网页的时间、修改用户名、删除密码!");
</script >
```

（2）使用 Web 浏览器打开 XHTML 文档"14-2. htm"，即可在"ch14/"Cookie 文件中插入 LastVisitDate、修改 UserName 而删除 Password 信息。此时 Cookie 文件中的内容如图 14-5 所示。

图 14-5　Cookie 文件中新的 Cookie 信息

14.3　读取 Cookie

Cookie 的好处在于，当用户使用同一台计算机再次访问曾经登录过的网站时，来自 Web 服务器的 JavaScript 能够从先前创建的 Cookie 文件中读取用户名、密码和上次浏览网页的时间等 Cookie 信息，使得用户不必重复同样的登录信息。

同理,在存储于本地计算机的 HTML 文档中使用 JavaScript,也可以实现从本地计算机硬盘上的 Cookie 文件中读取 Cookie 信息的功能。

【例 14-3】　读取 Cookie。XHTML 及 JavaScript 代码如下:

```
<!DOCTYPE html PUBLIC " - //W3C//DTD XHTML 1.0 Strict//EN"
    "http://www.w3.org/TR/xhtml1/DTD/xhtml1 - strict.dtd">
<html xmlns = "http://www.w3.org/1999/xhtml">
  <head>
    <meta http - equiv = "Content - Type" content = "text/html; charset = gb2312"/>
    <title>读取 Cookie</title>
    <script type = "text/javascript">
      function getCookieValue(cookieName){
        var cookieValue = "";
        var cookieString = document.cookie;

        //nameStartAt 标记 Cookie 名称在字符串 cookieString 中的起始位置
        nameStartAt = cookieString.indexOf(cookieName + " = ");

        if (nameStartAt!= - 1){   //如果在字符串 cookieString 中检索到 Cookie 名称
          //valueStartAt 标记 Cookie 值的起始位置
          var valueStartAt = cookieString.indexOf(" = ",nameStartAt) + 1;
          //valueEndAt 标记 Cookie 值的终止位置
          var valueEndAt = cookieString.indexOf(";",valueStartAt);

          //如果在字符串 cookieString 中不能再检索到";"
          if (valueEndAt == - 1) valueEndAt = cookieString.length;
          cookieValue = cookieString.substring(valueStartAt,valueEndAt);
        }

        return cookieValue;
      }
    </script>
  </head>
  <body>
    <script type = "text/javascript">
      //读取 Cookie
      document.write("document.cookie = '" + document.cookie + "'<br/>");
      var userName = getCookieValue('UserName');
      var password = getCookieValue('Password');
      var recentVisitDate = getCookieValue('LastVisitDate');
      document.write("从 Cookie 文件读取的用户名:" + userName + " 密码:" + password + " 上次
浏览网页的时间:" + recentVisitDate);
    </script>
  </body>
</html>
```

使用 Web 浏览器打开该 HTML 文档,JavaScript 在 Web 浏览器中的输出如图 14-6 所示。

图 14-6　从 Cookie 文件读取 Cookie

在以上 JavaScript 中,可以直接从 document 对象的 cookie 属性获取 Cookie 文件中的各项 Cookie 信息,但其中只包括每项 Cookie 信息的"名称/值对",而不包括创建 Cookie 的网页在本地计算机中的位置及路径,也不包括 Cookie 信息项的截止期限。此外,相邻两项 Cookie 信息之间用";"分隔,但最后一项 Cookie 信息之后则没有";"。

14.4　在表单中应用 Cookie 技术

前面几个例子通过 JavaScript 直接实现了 Cookie 信息项的创建、插入、修改、删除和读取。而在实际应用中,Cookie 信息项的创建、插入、修改和读取经常与表单、控件以及事件处理函数联系在一起。

14.4.1　通过注册表单创建 Cookie

用户在一个网站注册时,一般会将用户名和密码等信息填写在表单的相关控件中。一旦用户提交注册信息,HTML 文档中的 JavaScript 就能够将用户名和密码等 Cookie 信息项写入客户端计算机硬盘上的 Cookie 文件。

同理,通过表单及 JavaScript 也可以将其他注册信息写入本地计算机硬盘上的 Cookie 文件。

【例 14-4】　通过注册表单创建 Cookie。XHTML 及 JavaScript 代码如下:

```
<!DOCTYPE html PUBLIC " - //W3C//DTD XHTML 1.0 Strict//EN"
  "http://www.w3.org/TR/xhtml1/DTD/xhtml1 - strict.dtd">
<html xmlns = "http://www.w3.org/1999/xhtml">
  <head>
    <meta http - equiv = "Content - Type" content = "text/html; charset = gb2312"/>
    <title>注册与 Cookie </title>
    <script type = "text/javascript">
      function setCookie(name, value, outDays){
        var expireDate = new Date();
        expireDate.setDate(expireDate.getDate() + outDays);
        expireDate = expireDate.toGMTString();

        document.cookie = name + " = " + value + "; expires = " + expireDate;
      }

      function register(){
        var userName = document.getElementById("user").value;
```

```
            var password = document.getElementById("pwd").value;
            if (userName == "" || password == ""){
                alert("请确认用户名或密码是否为空!");
            }
            else{
                setCookie('UserName',userName,365);
                setCookie('Password',password,365);
                var today = new Date();
                setCookie('LastVisitDate',today.toGMTString(),365);
                alert("注册成功!用户名、密码和注册时间已写入 Cookie 文件!");
            }
        }
    </script>
  </head>
  <body>
    <form>
        用户名: <input type = "text" id = "user"/>
        密码: <input type = "password" id = "pwd"/>
        <input type = "button" value = "注册" onclick = "register()"/>
    </form>
  </body>
</html>
```

上述代码在 XHTML 文档主体定义和创建了一个表单,其中的控件包括：一个 id 属性值为 user 的文本框、一个 id 属性值为 pwd 的密码域和一个 value 属性值为“注册”的按钮,如图 14-7 所示。

图 14-7　注册表单及其控件

在“注册”按钮对应的 input 元素的开始标签中使用了 onclick 属性。因此,单击“注册”按钮将在该 input 元素上触发 click 事件,进而调用事件处理函数——register 函数。

在 register 函数中,首先通过 document 对象调用 getElementById 方法,这样可以从表单的 user 文本框和 pwd 密码域获得用户名和密码,并分别保存于变量 userName 和 password。然后,判断用户名和密码是否为空字符串;如果两者均不为空字符串,则调用 setCookie 函数三次,依次将 UserName、Password 和 LastVisitDate 三项 Cookie 信息写入 Cookie 文件。

setCookie 函数及其中的 JavaScript 与前面几个例子中的完全一致。

14.4.2　通过登录表单读取 Cookie

由于创建了 Cookie 文件,当注册用户再次登录网站时,HTML 文档中的 JavaScript 能够从 Cookie 文件读取用户名、密码和上次登录时间等 Cookie 信息,并将这些 Cookie 信息自动填写在相关的表单控件中,且在网页中显示嵌有用户名和上次登录时间的欢迎词,如图 14-8 所示。

图 14-8 登录表单及其控件

【例 14-5】 通过登录表单读取 Cookie。XHTML 及 JavaScript 代码如下:

```html
<! DOCTYPE html PUBLIC " - //W3C//DTD XHTML 1.0 Strict//EN"
  "http://www.w3.org/TR/xhtml1/DTD/xhtml1 - strict.dtd">
< html xmlns = "http://www.w3.org/1999/xhtml">
  < head >
    < meta http - equiv = "Content - Type" content = "text/html; charset = gb2312"/>
    < title >登录与 Cookie </title >
    < script type = "text/javascript">
      function getCookieValue(cookieName){
        var cookieValue = "";
        var cookieString = document.cookie;
        nameStartAt = cookieString.indexOf(cookieName + " = ");

        if (nameStartAt!= - 1){
          var valueStartAt = cookieString.indexOf(" = ",nameStartAt) + 1;
          var valueEndAt = cookieString.indexOf(";",valueStartAt);
          if (valueEndAt == - 1) valueEndAt = cookieString.length;
          cookieValue = cookieString.substring(valueStartAt,valueEndAt);
        }

        return cookieValue;
      }

      function init(){
        var userName = getCookieValue('UserName');
        var password = getCookieValue('Password');
        //在表单控件中填入用户名和密码
        document.getElementById("user").value = userName;
        document.getElementById("pwd").value = password;

        if (userName!= ""){
          var recentLoginDate = getCookieValue('LastVisitDate');
          var greetings = "欢迎您," + userName + "!";
          greetings + = "您上次登录的时间是 " + recentLoginDate.substr(5,11) + "!";

          document.getElementById("welcome").style.color = "red";
          document.getElementById("welcome").innerHTML = greetings;
```

```
      }
    }
  </script>
</head>
<body onload = "init()">
  <div id = "welcome"></div>
  <form>
    用户名: <input type = "text" id = "user"/>
    密码: <input type = "password" id = "pwd"/>
    <input type = "button" value = "登录"/>
  </form>
</body>
</html>
```

上述代码在 XHTML 文档主体定义和创建了一个表单,其中的控件包括:一个 id 属性值为 user 的文本框、一个 id 属性值为 pwd 的密码域和一个 value 属性值为"登录"的按钮。

此外,在 body 元素的开始标签中使用了 onload 属性。因此,当 Web 浏览器加载该 HTML 文档时将在 body 元素上触发 load 事件,进而调用事件处理函数——init 函数。

在 init 函数中,首先调用 getCookieValue 函数,从 Cookie 文件读取用户名和密码,并分别保存于变量 userName 和 password,再将用户名和密码分别填入表单中的 user 文本框和 pwd 密码域。然后,判断用户名是否为空字符串;如果用户名不为空字符串,则调用 setCookie 函数,从 Cooookie 文件中读取上次登录时间,并将其与用户名连接在 greetings 字符串中,再以红色字体将 greetings 字符串写入 id 属性值为 welcome 的 div 元素内,这样即可在网页中显示嵌有用户名和上次登录时间的欢迎词。

getCookieValue 函数及其中的 JavaScript 与前面例子中的完全一致。

14.5　利用 Cookie 技术提供个性化信息

利用 Cookie 技术,商业网站还能够通过万维网向客户提供个性化信息。如图 14-9 所示,首先利用 Cookie 技术可以检测出读者的上次登录日期早于某些新书的网上发布日期,然后在网页上以特殊字体和颜色显示这些新书的书名,或在这些新书书名的前方添加醒目图标,这样就可以抓住读者眼球,引起读者注意。

图 14-9　利用 Cookie 技术提供个性化信息

【例 14-6】 利用 Cookie 技术提供个性化信息。XHTML、CSS 及 JavaScript 代码如下：

```
<!DOCTYPE html PUBLIC " - //W3C//DTD XHTML 1.0 Strict//EN"
   "http://www.w3.org/TR/xhtml1/DTD/xhtml1 - strict.dtd">
<html xmlns = "http://www.w3.org/1999/xhtml">
  <head>
    <title>新书提示</title>
    <style type = "text/css">
      .newImg { padding - left:35px; background - image:url("new.gif");
      background - repeat:no - repeat; color:red; }
    </style>
    <script type = "text/javascript">
      function setCookie(name, value, outDays){
        var expireDate = new Date();
        expireDate. setDate(expireDate. getDate() + outDays);
        expireDate = expireDate. toGMTString();

        document. cookie = name + " = " + value + ";expires = " + expireDate;
      }

      function getCookieValue(cookieName){
        var cookieValue = "";
        var cookieString = document. cookie;
        nameStartAt = cookieString. indexOf(cookieName + " = ");

        if (nameStartAt!= - 1){
          var valueStartAt = cookieString. indexOf(" = ",nameStartAt) + 1;
          var valueEndAt = cookieString. indexOf(";",valueStartAt);
          if (valueEndAt == - 1) valueEndAt = cookieString. length;
          cookieValue = cookieString. substring(valueStartAt,valueEndAt);
        }

        return cookieValue;
      }

      function init(){
        var recentVisitDate;
        //从 Cookie 文件读取"上次页面访问日期"
        var cookieValue = getCookieValue("LastVisitDate");
        //判断从 Cookie 文件读取的"上次页面访问日期"是否为空字符串
        if (cookieValue == "") recentVisitDate = new Date(2000,0,1);
        else recentVisitDate = new Date(cookieValue);

        //在 Cookie 文件中创建或修改"上次页面访问日期"
        var now = new Date();
        setCookie('LastVisitDate',now. toGMTString(),365);

        var allPs = document. getElementsByTagName("p");
        for (var i = 0;i < allPs. length;i++){
```

```
        if (allPs[i].id.indexOf("New - ")!= - 1){
            var yyyy = parseInt(allPs[i].id.substring(4,8));
            var mm = parseInt(allPs[i].id.substring(8,10));
            var dd = parseInt(allPs[i].id.substring(10,12));
            var publicationDate = new Date(yyyy,mm - 1,dd);
            if (publicationDate.getTime()> recentVisitDate.getTime())
                allPs[i].className + = "newImg";
        }
    }
    }
    </script>
    </head>
    < body onload = "init()">
        < p id = "New - 20160501">Java 程序设计基础</p>
        < p id = "New - 20130501">Web 标准网页设计原理与制作技术</p>
        < p > SQL Server 2005 数据库技术与应用实用教程</p>
    </body>
</html>
```

本例中的许多代码与例 13-8 中的一样。例如,在 XHTML 文档头部定义了将作用于某些 p 元素的 CSS 类选择器(.newImg),该类选择器将在段落内容的左侧添加一个图标(new.gif),并将段落中的文本颜色设置为红色。又如,在 XHTML 文档主体使用三个 p 元素定义了三个段落,每个段落内的文本各表示一本书的书名;在前两个 p 元素的开始标签中使用了 id 属性,id 属性值中的最后 8 个字符表示一本新书的出版日期。例如,代码"< p id＝"New-20160501">Java 程序设计基础</p>"表示新书《Java 程序设计基础》的出版日期是 2016 年 5 月 1 日。

在 XHTML 文档头部定义了三个函数。setCookie 和 getCookieValue 函数及其中的 JavaScript 与前面例子中的完全一致,setCookie 函数用于在 Cookie 文件中创建、插入、修改或删除 Cookie 信息项,调用 getCookieValue 函数能够从 Cookie 文件读取 Cookie 信息。当"Web 浏览器加载 HTML 文档"时则会调用 init 函数。

执行 init 函数主要可以完成以下一些数据处理任务。

(1) 调用 getCookieValue 函数试图从 Cookie 文件读取"上次页面访问日期",并将 getCookieValue 函数的返回值保存于变量 cookieValue。接着判断 cookieValue 是否为空字符串。如果 cookieValue 是空字符串,则表示 Cookie 文件中没有"上次页面访问日期",此时创建一个较早的日期(例如 2000 年 1 月 1 日)以替代"上次页面访问日期";如果 cookieValue 不是空字符串,则根据 cookieValue 创建"上次页面访问日期"。这样,就可以最终确定"上次页面访问日期",并保存于变量 recentVisitDate。

(2) 调用 setCookie 函数在 Cookie 文件中创建或修改"上次页面访问日期"。

(3) 通过 document 对象调用 getElementsByTagName 方法获取 XHTML 文档主体中的三个 p 元素,并将这三个 p 元素保存于 Array 对象 allPs 中。

(4) 在 for 循环中,对 Array 对象 allPs 中的每个 p 元素依次进行访问。

关系表达式"allPs[i].id.indexOf("New-")！＝-1"用来判断在第 i+1 个 p 元素(即 allPs[i])的 id 属性值中是否出现字符串"New-"。如果字符串"New-"出现在 id 属性值中,该关系表达式的值为 true,表示该 p 元素内容中的文本是一本新书的书名,并将执行以下操作。

对应于出现字符串"New-"的 p 元素的 id 属性值,代码"allPs[i]. id. substring(4,8)"表示新书出版日期中的"年"字符串,因此调用 parseInt 方法可以将"年"字符串转换为整数,并将该整数存储于变量 yyyy。类似地,变量 mm 和 dd 分别存储新书出版日期中的"月"和"日"。然后使用变量 yyyy、mm 和 dd 中的"年"、"月"和"日"数据创建 Date 对象 publicationDate。

如果新书的"出版日期"晚于"上次页面访问日期",则关系表达式 publicationDate. getTime()>recentVisitDate. getTime() 的值为 true,此时通过执行代码 allPs[i]. className+="newImg" 在 p 元素上应用类选择器(. newImg)及其中的样式。如图 14-9 所示,对于"出版日期"晚于"上次页面访问日期"的新书,就会在书名的前面添加一个"new"图标、并以红色字体显示书名,这样就可以抓住读者眼球,引起读者注意了。

14.6 小结

网页中的 JavaScript 能够在浏览该网页的计算机硬盘上创建 Cookie 文件,并将用户名、密码和上次浏览网页的时间等 Cookie 信息项写入 Cookie 文件。之后,HTML 文档中的 JavaScript 又能够在先前创建的 Cookie 文件中插入新的 Cookie 信息,也能够修改和删除已有的 Cookie 信息。

更为有价值的是,网页中的 JavaScript 还能够从 Cookie 文件读取各项 Cookie 信息,并做出个性化的响应或行为,如在网页中显示嵌有用户名的欢迎词,或者在相应的表单控件中自动填写用户名和密码甚至自动进入服务系统,还可以在网页上突显特殊的产品信息。

几乎所有的网站都会应用 Cookie 技术,这样能够为网站浏览者提供一个友好的、个性化的交互环境,同时网站也能更加准确地收集和记录网页浏览者的个人信息和行为数据。

在 Cookie 文件中插入、修改、删除和读取 Cookie 信息都必须通过 document 对象的 cookie 属性。在 document 对象的 cookie 属性中,相邻的两项 Cookie 信息之间是由";"分隔的,且每项 Cookie 信息只包括"名称/值对"。

存储路径相同的多个 HTML 文档能够共享一个 Cookie 文件,这些 HTML 文档中的 JavaScript 可以在这个 Cookie 文件中共同插入、修改、删除和读取 Cookie 信息。

在实际应用中,Cookie 信息项的创建、插入、修改和读取经常与表单、控件以及事件处理函数联系在一起。

14.7 习题

1. 利用互联网搜索引擎,了解并描述 Cookie 技术在 Web 服务器和客户端计算机之间的更多应用。

2. 参照图 14-10,使用 XHTML 和 JavaScript 实现如下功能:

(1) 在 HTML 文档中定义和创建一个登录表单,其中的控件包括:一个"用户名"文本框、一个"密码"密码域和一个"登录"按钮。

（2）打开网页后，从 Cookie 文件读取"用户名"和"密码"，并将它们分别填入表单的文本框和密码域。

（3）在表单中输入新的"用户名"和"密码"，然后单击"登录"按钮。

图 14-10　登录与 Cookie

（4）如图 14-11 所示，如果在表单中输入的"用户名"和"密码"与从 Cookie 文件读取的不一样，则弹出是否修改 Cookie 文件中的用户名或密码的确认框。

图 14-11　显示确认框

（5）在确认框中单击"确定"按钮，将新的"用户名"和"密码"写入 Cookie 文件。

第15章

DHTML

动态 HTML(Dynamic HTML,DHTML)是一种使 WWW 页面具有动态特性的技术。从某种角度上讲,DHTML 是 HTML、CSS 和 JavaScript 的组合应用。通过 DHTML,可以控制如何在 Web 浏览器中显示和定位 HTML 元素。此外,由于 DOM 是一个独立于语言和平台的接口,它允许 JavaScript 动态地访问和更新 HTML 文档的内容、结构以及样式,也为 DHTML 技术提供了更强大的功能。

15.1 绝对定位和相对定位

HTML 元素及盒子在网页中的位置与其 position 特性密切相关。在默认情况下,HTML 元素的 position 特性值是 static。此时,HTML 元素及盒子按照正常流或浮动方式排列。此外,HTML 元素的 position 特性值还可以是 absolute 或 relative,即可在网页中对 HTML 元素及盒子进行绝对定位或相对定位。

15.1.1 绝对定位

当 position 特性值是 absolute 时,HTML 元素及盒子将以它的包含框为基准,根据 left(或 right)和 top(或 bottom)特性值在水平和垂直方向偏移。

【例 15-1】 HTML 元素及盒子的绝对定位。XHTML 和 CSS 代码如下:

```
<!DOCTYPE html PUBLIC " - //W3C//DTD XHTML 1.0 Strict//EN"
    "http://www.w3.org/TR/xhtml1/DTD/xhtml1 - strict.dtd">
< html xmlns = "http://www.w3.org/1999/xhtml">
  < head >
    < meta http - equiv = "Content - Type" content = "text/html; charset = gb2312"/>
    < title >绝对定位</title>
    < style type = "text/css">
      p { width:650px; padding:25px; border:2px solid red; }
      em { position:absolute; left:80px; top:30px; background - color:silver; }
    </style>
  </head>
  < body >
    < p >HTML 元素及盒子在网页中的位置与其 position 特性密切相关。< em >在默认情况下,</em>
HTML 元素的 position 特性值是 static,此时元素及盒子按照正常流或浮动方式排列。此外,HTML 元素的 position 特性值还可以是 absolute 或 relative,即可在网页中对 HTML 元素及盒子进行绝对定
```

位或相对定位。</p>
　　</body>
</html>

在 XHTML 文档头部的内部样式表中，第 2 条 CSS 规则使用特性声明 position：absolute 对 em 元素及盒子进行绝对定位。如图 15-1 所示，使用 IE 浏览器打开该 XHTML 文档时，可以发现 em 元素的内容"在默认情况下，"完全脱离了正常流。在本例中，由于 em 元素的所有先辈元素都没有使用绝对定位或相对定位，所以 em 元素的包含框就是 IE 浏览器窗口。此时，em 元素及盒子将以 IE 浏览器窗口为基准，按照 left 和 top 特性值在水平和垂直方向偏移。

图 15-1　以 IE 浏览器窗口为基准绝对定位

如果在第 1 条 CSS 规则中增加一个特性声明 position：relative，p 元素就成为距离 em 元素最近的、且使用相对定位的先辈元素。此时，em 元素及盒子将以 p 元素及盒子为基准，按照 left 和 top 特性值在水平和垂直方向偏移，如图 15-2 所示。

图 15-2　以 p 元素及盒子为基准绝对定位

注意：
（1）绝对定位的 HTML 元素及盒子完全脱离正常流，并且对其他元素及盒子的定位没有任何影响。
（2）为了对 HTML 元素及盒子准确地进行绝对定位，需要对距离该 HTML 元素尽可能近的某个先辈元素进行相对定位。

15.1.2　相对定位

当 position 特性值是 relative 时,HTML 元素及盒子则以其在正常流中的位置为基准,并按照 left 和 top 特性值在水平和垂直方向偏移。

【例 15-2】　HTML 元素及盒子的相对定位。XHTML 和 CSS 代码如下:

```
<!DOCTYPE html PUBLIC " - //W3C//DTD XHTML 1.0 Strict//EN"
  "http://www.w3.org/TR/xhtml1/DTD/xhtml1 - strict.dtd">
<html xmlns = "http://www.w3.org/1999/xhtml">
  <head>
    <meta http - equiv = "Content - Type" content = "text/html; charset = gb2312"/>
    <title>相对定位</title>
    <style type = "text/css">
      p { width:650px; padding:25px; border:2px solid red; }
      em { position:relative; left:80px; top:30px; background - color:silver; }
    </style>
  </head>
  <body>
    <p>HTML 元素及盒子在网页中的位置与其 position 特性密切相关。<em>在默认情况下,</em>
HTML 元素的 position 特性值是 static,此时元素及盒子按照正常流或浮动方式排列。此外,HTML 元
素的 position 特性值还可以是 absolute 或 relative,即可在网页中对 HTML 元素及盒子进行绝对定
位或相对定位。</p>
  </body>
</html>
```

在 XHTML 文档头部的内部样式表中,第 2 条 CSS 规则使用特性声明 position:relative 对 em 元素及盒子进行相对定位,其他代码与前例中的完全相同。如图 15-3 所示,使用 IE 浏览器打开该 XHTML 文档时,可以发现 em 元素的内容"在默认情况下,"相对于其在正常流中的位置发生了偏移,但其在正常流中的位置和所占空间并不会被其他元素取代和占据。

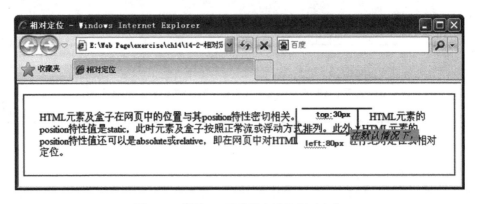

图 15-3　设置 em 元素及盒子为相对定位

对 HTML 元素及盒子进行相对定位后会发生以下两种情况。

（1）HTML 元素及盒子在正常流中的位置和所占空间会被保留,这也说明相对定位的 HTML 元素及盒子仍然在正常流中。

（2）在网页中，相对定位的 HTML 元素及盒子会与其他 HTML 元素及盒子发生重叠。对某个 HTML 元素及盒子进行相对定位的作用可归纳为以下两点。

（1）使该 HTML 元素相对于其在正常流中的位置发生偏移，同时不放弃其在正常流中的位置和所占空间。

（2）使该 HTML 元素成为其后代元素的包含框，这样后代元素就能够以该 HTML 元素为基准进行绝对定位，如图 15-2 所示。

15.2 下拉菜单

利用 HTML 元素及盒子的绝对定位和相对定位技术，可以制作如图 15-4 所示的 CSS 下拉菜单。

图 15-4　CSS 下拉菜单

【例 15-3】　使用 HTML 元素的绝对定位和相对定位制作 CSS 下拉菜单。XHTML 和 CSS 代码如下：

```
<!DOCTYPE html PUBLIC " - //W3C//DTD XHTML 1.0 Strict//EN"
  "http://www.w3.org/TR/xhtml1/DTD/xhtml1 - strict.dtd">
< html xmlns = "http://www.w3.org/1999/xhtml">
  < head >
    < meta http - equiv = "Content - Type" content = "text/html; charset = gb2312"/>
    < title > CSS 下拉菜单</title >
    < style type = "text/css">
      ♯naviBar { width:315px; margin:0px auto; }
      /* 使用 ul 元素定义主菜单 */
      ♯naviBar ul { padding:0px; margin:0px; list - style - type:none; }
      /* 使用 li 元素定义主菜单项(视频、小说、购物) */
      ♯naviBar ul li { position:relative; float:left; width:104px; height:30px;
          border:1px solid white; border - width:1px 1px 0 0; line - height:30px;
          text - align:center; background - color:♯cca; }
      /* 使用 ul 元素定义子菜单,并隐藏子菜单 */
      ♯naviBar ul li ul { display:none; }
      /* 当鼠标滑过主菜单项时,显示子菜单、并将其绝对定位于对应的主菜单项下面 */
      ♯naviBar ul li:hover ul { display:block; position:absolute; top:30px;
          left:0px; width:105px; }
      /* 在子菜单项中,设置超链接文本及其背景的颜色 */
```

```
#naviBar a { display:block; text-decoration:none; color:olive;
    background-color:#fec; }
    /* 当鼠标滑过超链接文本时,改变超链接文本及其背景的颜色 */
#naviBar a:hover { color:red; background-color:#dc8; }
    </style>
  </head>

  <body>
    <div id="naviBar">
      <ul>
        <li>视频
          <ul>
            <li><a href="http://www.youku.com">优酷</a></li>
            <li><a href="http://www.tudou.com">土豆</a></li>
            <li><a href="http://www.iqiyi.com">奇艺高清</a></li>
          </ul>
        </li>
        <li>小说
          <ul>
            <li><a href="http://www.qidian.com">起点</a></li>
            <li><a href="http://www.hongxiu.com">红袖添香</a></li>
            <li><a href="http://www.xxsy.com">潇湘书院</a></li>
          </ul>
        </li>
        <li>购物
          <ul>
            <li><a href="http://www.taobao.com">淘宝</a></li>
            <li><a href="http://www.amazon.cn">亚马逊</a></li>
            <li><a href="http://www.360buy.com">京东商城</a></li>
          </ul>
        </li>
      </ul>
    </div>
  </body>
</html>
```

在 XHTML 文档主体,id 属性值为 naviBar 的 div 元素定义了一个水平导航条。在水平导航条内,又使用两级无序列表分别定义了一个主菜单和三个子菜单。外层的 ul 元素定义了主菜单。在主菜单中,使用三个 li 元素定义了"视频"、"小说"和"购物"三个主菜单项。在每个定义主菜单项的 li 元素中,又使用一个 ul 元素和三个 li 元素定义了子菜单和子菜单项。

以上内部样式表中的第 3 条 CSS 规则

```
#naviBar ul li { position:relative; float:left; width:104px; height:30px; …… 
```

将 li 元素的 position 和 float 特性分别声明为 relative 和 left,其作用是:将相对定位的三个 li 元素保留在正常流中,并使它们在正常流中向左浮动。这三个 li 元素向左浮动,可以使"视频"、"小说"和"购物"三个主菜单项依次水平排列。此外,对这三个 li 元素相对定位,还可以使其子元素 ul(该 ul 元素定义子菜单)能够以其为基准进行绝对定位。

　　在内部样式表的第 5 条 CSS 规则中使用了 li:hover 伪类。这样,当鼠标滑过主菜单项时,将产生相应的动态效果——显示子菜单。类似地,在内部样式表的第 7 条 CSS 规则中使用了 a:hover 伪类。这样,当鼠标滑过子菜单项时,也将产生相应的动态效果——改变超链接文本及其背景的颜色。这表明 CSS 也具有一定的响应鼠标事件的行为能力——类似于发生在 li 和 a 元素上的 mouseover 事件。实际上,使用 JavaScript 也可以制作具有同样动态效果的下拉菜单。

【例 15-4】　使用 JavaScript 制作下拉菜单。XHTML、CSS 及 JavaScript 代码如下:

```
<!DOCTYPE html PUBLIC " - //W3C//DTD XHTML 1.0 Strict//EN"
   "http://www.w3.org/TR/xhtml1/DTD/xhtml1 - strict.dtd">
< html xmlns = "http://www.w3.org/1999/xhtml">
  < head >
    < meta http - equiv = "Content - Type" content = "text/html; charset = gb2312"/>
    < title > JavaScript 下拉菜单 </title >
    < style type = "text/css">
      ♯naviBar { width:315px; margin:0px auto; }
      /* 使用 ul 元素定义主菜单 */
      ♯naviBar ul { padding:0px; margin:0px; list - style - type:none; }
      /* 使用 li 元素定义主菜单项 */
      ♯naviBar ul li { position:relative; float:left; width:104px; height:30px;
          border:1px solid white; border - width:1px 1px 0 0; line - height:30px;
          text - align:center; background - color:♯cca; }
      /* 使用 ul 元素定义子菜单,隐藏子菜单、但将其绝对定位于对应的主菜单项下面 */
      ♯naviBar ul li ul { visibility:hidden; position:absolute; top:30px; left:0px;
          width:105px; }
      /* 在子菜单项中,设置超链接文本及其背景的颜色 */
      ♯naviBar a { display:block; text - decoration:none; color:olive;
          background - color:♯fec; }
    </style >
    < script type = "text/javascript">
      /* 当鼠标滑过主菜单项时,显示相应的子菜单 */
      function showSubMenu(elmntId) { document.getElementById(elmntId).style.
          visibility = "visible"; }
      /* 当鼠标离开主菜单项时,隐藏相应的子菜单 */
      function hideSubMenu(elmntId) { document.getElementById(elmntId).style.
          visibility = "hidden"; }
      /* 当鼠标滑过超链接时,改变超链接文本及其背景的颜色 */
      function changeLinkColor(aElement) {
        aElement.style.color = "red";
        aElement.style.background = "♯dc8";
      }
      /* 当鼠标离开超链接时,恢复超链接文本及其背景的颜色 */
      function recoverLinkColor(aElement) {
        aElement.style.color = "olive";
        aElement.style.background = "♯fec";
      }
    </script >
  </head >
  < body >
```

```
        < div id = "naviBar">
          < ul >
            < li onmouseover = "showSubMenu( 'video')" onmouseout = "hideSubMenu( 'video')">视频
              < ul id = "video">
                < li >< a href = "http://www.youku.com" onmouseover = "changeLinkColor(this)"
                    onmouseout = "recoverLinkColor(this)">优酷</a></li>
                < li >< a href = "http://www.tudou.com" onmouseover = "changeLinkColor(this)"
                    onmouseout = "recoverLinkColor(this)">土豆</a></li>
                < li >< a href = "http://www.iqiyi.com" onmouseover = "changeLinkColor(this)"
                    onmouseout = "recoverLinkColor(this)">奇艺高清</a></li>
              </ul >
            </li>
            < li onmouseover = "showSubMenu( 'novel')" onmouseout = "hideSubMenu( 'novel')">小说
              < ul id = "novel">
                < li >< a href = "http://www.qidian.com" onmouseover = "changeLinkColor(this)"
                    onmouseout = "recoverLinkColor(this)">起点</a></li>
                < li >< a href = "http://www.hongxiu.com" onmouseover = "changeLinkColor(this)"
                    onmouseout = "recoverLinkColor(this)">红袖添香</a></li>
                < li >< a href = "http://www.xxsy.com" onmouseover = "changeLinkColor(this)"
                    onmouseout = "recoverLinkColor(this)">潇湘书院</a></li>
              </ul >
            </li>
            < li onmouseover = "showSubMenu( 'shop')" onmouseout = "hideSubMenu( 'shop')">购物
              < ul id = "shop">
                < li >< a href = "http://www.taobao.com" onmouseover = "changeLinkColor(this)"
                    onmouseout = "recoverLinkColor(this)">淘宝</a></li>
                < li >< a href = "http://www.amazon.cn" onmouseover = "changeLinkColor(this)"
                    onmouseout = "recoverLinkColor(this)">亚马逊</a></li>
                < li >< a href = "http://www.360buy.com" onmouseover = "changeLinkColor(this)"
                    onmouseout = "recoverLinkColor(this)">京东商城</a></li>
              </ul >
            </li>
          </ul >
        </div >
      </body >
    </html >
```

与前例一样,本例在 XHTML 文档主体使用两级无序列表分别定义了一个主菜单和三个子菜单。外层的 ul 元素定义了主菜单。在主菜单中,又使用三个 li 元素定义了"视频"、"小说"和"购物"三个主菜单项。

与前例不同,在本例的内部样式表中没有定义 hover 伪类的 CSS 规则,但定义了四个与鼠标操作有关的事件处理函数。

(1) 当鼠标滑过主菜单项("视频"、"小说"或"购物")时,会在相应的 li 元素上触发 mouseover 事件,此时通过 li 元素的 onmouseover 属性值调用 showSubMenu 函数,将显示相应的子菜单。

(2) 当鼠标离开主菜单项("视频"、"小说"或"购物")时,会在相应的 li 元素上触发 mouseout 事件,此时通过 li 元素的 onmouseout 属性值调用 hideSubMenu 函数,将隐藏相应的子菜单。

（3）当鼠标滑过子菜单项中的超链接文本（如"优酷"、"起点"或"淘宝"等）时，会在相应的 li 元素上触发 mouseover 事件，此时通过 li 元素的 onmouseover 属性值调用 changeLinkColor 函数，将改变超链接文本及其背景的颜色。

（4）当鼠标离开子菜单项中的超链接文本（如"优酷"、"起点"或"淘宝"等）时，会在相应的 li 元素上触发 mouseout 事件，此时通过 li 元素的 onmouseout 属性值调用 recoverLinkColor 函数，将恢复超链接文本及其背景的颜色。

15.3 垂直移动的文字

对于绝对定位的 HTML 元素，还可以在 CSS 规则中使用 clip 特性对该元素及盒子中的内容进行裁剪。

【例 15-5】 使用 clip 特性对元素及盒子中的内容进行裁剪。XHTML 和 CSS 代码如下：

```
<!DOCTYPE html PUBLIC " - //W3C//DTD XHTML 1.0 Strict//EN"
  "http://www.w3.org/TR/xhtml1/DTD/xhtml1 - strict.dtd">
<html xmlns = "http://www.w3.org/1999/xhtml">
  <head>
    <meta http - equiv = "Content - Type" content = "text/html; charset = gb2312"/>
    <title>使用 clip 特性对元素及盒子中的内容进行裁剪</title>
    <style type = "text/css">
      /* 只能应用以下两条 CSS 规则中的一条 */
      #divBox { position:absolute; width:200px; height:200px; background:#CCC; }
      #divBox { position:absolute; width:200px; height:200px;
          clip:rect(30px,170px,170px,30px); background:#CCC; }
      #divBox a { text - decoration:none; }
    </style>
  </head>
  <body>
    <div id = "divBox">
    <br/>
    <a href = "http://www.sina.com">* 新浪网重要通知!新浪网重要通知!</a>
    <br/><br/>
    <a href = "http://www.baidu.com">* 百度网紧急通知!百度网紧急通知!</a>
    <br/><br/>
    <a href = "http://www.sohu.com">* 搜狐网重要通知!搜狐网重要通知!</a>
    </div>
  </body>
</html>
```

当应用以上内部样式表中的第 1 条 CSS 规则（而不应用第 2 条 CSS 规则）时，如图 15-5（a）所示，在网页中可以看到 div 元素中的所有文字。但当应用样式表中的第 2 条 CSS 规则（而不应用第 1 条 CSS 规则）时，则在网页中只可以看到 div 元素中的部分文字，如图 15-5（b）所示，这是由于在第 2 条 CSS 规则中使用了 clip 特性的缘故。

在第 2 条 CSS 规则中，clip 特性及其声明为：

```
clip:rect(30px,170px,170px,30px);
```

其中的四个参数构成了一个 clipWindow 窗口。参见图 15-5（a），第 1 个参数表示 clipWindow 窗口的上边界距离 div 元素盒子的上边界 30px，第 2 个参数表示 clipWindow 窗口的右边界距离 div 元素盒子的左边界 170px，第 3 个参数表示 clipWindow 窗口的下边界距离 div 元素盒子的上边界 170px，第 4 个参数表示 clipWindow 窗口的左边界距离 div 元素盒子的左边界 30px。而 clipWindow 窗口以外的文字部分则被"裁剪"了。

(a) 没有使用clip特性   (b) 使用了clip特性(clipWindow窗口)

图 15-5   使用 clip 特性对元素及盒子中的内容进行裁剪

在绝对定位的 div 元素上应用 clip 特性，并使用 JavaScript 对 clip 特性中的参数进行动态的调整，可以在网页中制作垂直移动的文字并产生相应的动画效果。

【例 15-6】   垂直移动的文字（仅播放一次）。XHTML、CSS 及 JavaScript 代码如下：

```
<!DOCTYPE html PUBLIC " - //W3C//DTD XHTML 1.0 Strict//EN"
  "http://www.w3.org/TR/xhtml1/DTD/xhtml1 - strict.dtd">
<html xmlns = "http://www.w3.org/1999/xhtml">
  <head>
    <meta http - equiv = "Content - Type" content = "text/html; charset = gb2312"/>
    <title>垂直移动的文字(仅播放一次)</title>
    <style type = "text/css">
      #divBox { position:absolute; height:500px; background:#CCC; }
      #divBox a { text - decoration:none; }
    </style>
    <script type = "text/javascript">
      var clipWindowWidth = 200;   //clipWindow 的宽度
      var clipWindowHeight = 100;  //clipWindow 的高度
      var divBoxTop = 80;          //divBox 的初始 top
      var clipWindowTop = 0;       //clipWindow 的初始 top,clip 特性的第 1 个参数
      var speed = 50;              //文字滚动速度
      var timerID;                 //定时器 ID

      function scrollText(){
        //使 divBox 元素盒子及其中的文字上移 1 个像素
        document.getElementById("divBox").style.top = ( -- divBoxTop) + "px";
```

```
        //保持 clipWindow 窗口在网页中的位置及尺寸不变
        document.getElementById("divBox").style.clip = "rect(" + (++clipWindowTop) +
            "px," + clipWindowWidth + "px," + (clipWindowTop + clipWindowHeight) + "px,0px)";
    }

    function init(){
        document.getElementById("divBox").style.width = clipWindowWidth + "px";
        timerID = setInterval("scrollText()",speed);
    }
    </script>
</head>

<body onload = "init()" onunload = "clearInterval(timerID)">
    <div id = "divBox">
        …
        代码同例 15-5
        …
    </div>
</body>
</html>
```

在上述代码中,对 id 属性值为 divBox 的 div 元素及盒子进行了绝对定位,并在
scrollText 函数中对该 div 元素设置了 clip 特性,使得在网页中只能看到该 div 元素盒子中
的部分文字。

当 Web 浏览器加载 HTML 文档时,将调用 load 事件处理函数——init 函数。在 init
函数中,首先将 id 属性值为 divBox 的 div 元素盒子的宽度设置为 clipWindow 窗口的宽度,
然后通过 Interval 定时器不间断地调用 scrollText 函数。

每次调用 scrollText 函数时,都会将全局变量 divBoxTop 的值递减 1,然后将其赋值给
div 元素对象的 top 属性值,这样使得 div 元素盒子及其中的文字整体上移 1 个像素;此外,
每次调用 scrollText 函数时,都会将全局变量 clipWindowTop 的值递增 1,这样使得 clip 特
性的第 1 个和第 3 个参数也随之递增 1,因此 clipWindow 窗口的上边界和下边界距离 div
元素盒子的上边界都会增加 1 个像素,因而可保持 clipWindow 窗口的高度不变,并最终产
生"clipWindow 窗口在网页中的位置及尺寸保持不变、同时 div 元素盒子及其中的文字不
断地整体上移"的动画效果。

注意:由于在 scrollText 函数中不断地减小 div 元素对象的 top 属性值,div 元素盒子
及其中的文字会不断地整体上移,直至移出 Web 浏览器窗口的上边界。

15.4 在网页上漂浮的图片链接

使用绝对定位技术和 JavaScript,不仅可以产生文字在网页上移动的动画效果,同样可
以使图片在网页上移动或漂浮,并且在图片上还可以创建超链接——当用鼠标单击图片时,
可以使用 Web 浏览器打开所链接的网页。

15.4.1 从左向右移动的图片链接

首先,来制作在网页上从左向右水平移动的图片,并在图片上创建超链接——当用鼠标

单击图片时,可以使用 Web 浏览器打开所链接的网页。此外,当鼠标滑过图片时,可以让图片停止移动;当鼠标离开图片时,又可以让图片继续移动。

【例 15-7】 从左向右移动的图片链接。XHTML 及 JavaScript 代码如下:

```
<! DOCTYPE html PUBLIC " - //W3C//DTD XHTML 1.0 Strict//EN"
    "http://www.w3.org/TR/xhtml1/DTD/xhtml1 - strict.dtd">
< html xmlns = "http://www.w3.org/1999/xhtml">
  < head >
    < meta http - equiv = "Content - Type" content = "text/html; charset = gb2312"/>
    < title>从左向右移动的图片链接</title>
  </head>

  < body onunload = "clearInterval(timerID)">
    < div id = "divAd" style = "position:absolute">   <! -- 绝对定位 div 元素 -->
      < a href = "http://www.sina.com"><  img src = "sinaLogo.gif" alt = ""/></a>
    </div >

    < script type = "text/javascript">
      var x = 50, y = 60;              //设置图片的初始位置,并记录图片的下一个位置(x,y)
      var step = 1;                    //控制图片每次移动的像素数
      var speed = 10;                  //控制图片的移动速度
      var divElement = document.getElementById("divAd");   //获取包含图片的 div 元素

      function moveAdvertisement(){
        //设置图片新的水平位置,即水平移动图片
        divElement.style.left = x + "px";
        x = x + step;                                      //计算图片水平移动的下一个位置
      }

      //每隔 speed 毫秒调用一次 moveAdvertisement 函数
      var timerID = setInterval("moveAdvertisement()",speed);

      //鼠标滑过图片时,让图片停止移动
      divElement.onmouseover = function(){ clearInterval(timerID); }

      //鼠标离开图片时,让图片继续移动
      divElement.onmouseout = function(){ timerID =
          setInterval("moveAdvertisement()",speed); }
    </script >
  </body >
</html >
```

首先在 XHTML 文档主体,使用行内样式 style="position:absolute" 对 id 属性值为 divAd 的 div 元素进行绝对定位,并且在该 div 元素中嵌入了创建有超链接的图片。

在 XHTML 文档主体的 JavaScript 中,全局变量 x 和 y 用于设置 div 元素盒子在网页中的位置,全局变量 step 用于控制图片每次移动的像素数,全局变量 speed 用于控制图片的移动速度,object 类型的全局变量 divElement 指代 id 属性值为 divAd 的 div 元素。

在 moveAdvertisement 函数中,首先根据变量 x 的最新值调整图片在网页中的水平位置,然后按照变量 step 指定的像素步长增加变量 x 的值。

通过调用 setInterval 方法,每隔一段时间调用 moveAdvertisement 函数,即可产生"图片从左向右移动"的动画效果。

倒数第 2 行的 JavaScript 代码在 div 元素的 onmouseover 属性上设置了 mouseover 事件处理函数——当鼠标滑过图片时,清除 Interval 定时器,可以停止图片的移动。

倒数第 1 行的 JavaScript 代码在 div 元素的 onmouseout 属性上设置了 mouseout 事件处理函数——当鼠标离开图片时,通过调用 setInterval 方法重新调用 moveAdvertisement 函数,这样可以让图片继续移动。

另外,在 body 元素的开始标签中对窗口的 unload 事件进行了处理——当 Web 浏览器卸载 HTML 文档时,清除 Interval 定时器,这样可以释放 Interval 定时器占用的内存和 CPU 资源。

15.4.2 水平方向来回移动的图片链接

在前例中,利用 Interval 定时器能够每隔一段时间反复调用 moveAdvertisement 函数。每次调用 moveAdvertisement 函数时,都是按照变量 step 指定的像素步长增加变量 x 的值,所以图片会一直向右移动,直至移出 Web 浏览器窗口的右边界。

事实上,如果当图片移动到 Web 浏览器窗口的右边界时,能够按照变量 step 指定的像素步长不断地减少变量 x 的值,那么图片就会开始向左移动;而当图片移动到 Web 浏览器窗口的左边界时,又能够按照变量 step 指定的像素步长不断地增加变量 x 的值,图片就又会开始向右移动……如此反复,即可在 Web 浏览器窗口中产生"图片沿水平方向来回移动"的动画效果。

【例 15-8】 沿水平方向来回移动的图片链接。本例在前例基础上增加了一些代码,增加的代码用下划线标注,并且省略了与前例相同的大部分代码,XHTML 及 JavaScript 代码如下:

```
<!DOCTYPE … …
<html … …
  <head>
    … …
    <title>沿水平方向来回移动的图片链接</title>
  </head>
  <body onresize = "resizeHandler()" onunload = "clearInterval(timerID)">
    … …
    <script type = "text/javascript">
      … …
      var divElement = document.getElementById("divAd");   //获取包含图片的 div 元素

      //变量 moveRight 用于判断并控制图片的水平移动方向
      //moveRight 为 true,表示图片应向右移动; moveRight 为 false,表示图片应向左移动
      var moveRight = true;

      //设置图片的初始水平移动区间
      var leftBound = 0;   //将 Web 浏览器窗口的左端设置为图片可以到达的最左端
      //浏览器窗口的宽度(clientWidth)减去 div 元素对象占据的空间宽度(offsetWidth)
      //就是图片可以到达的最右端位置
```

```
var rightBound = document.documentElement.clientWidth - divElement.offsetWidth;

function resizeHandler(){
    clearInterval(timerID);
    //调整图片可以到达的最右端位置
    rightBound = document.documentElement.clientWidth - divElement.offsetWidth;
    timerID = setInterval("moveAdvertisement()",speed);
}

function moveAdvertisement(){
    //设置图片新的水平位置,即水平移动图片
    divElement.style.left = x + "px";
    //计算图片水平移动的下一个位置,每次判断是向右移动还是向左移动
    x = x + step * (moveRight?1: - 1);
    if (x > rightBound) moveRight = false;    //判断是否改变图片的水平移动方向
    else if (x < leftBound) moveRight = true;
}

    … …
    </script>
    </body>
</html>
```

相对于前例,本例在 JavaScript 中增加了全局变量 moveRight、leftBound 和 rightBound。

变量 moveRight 用于判断并控制图片的水平移动方向。moveRight 为 true,表示图片应该向右移动;moveRight 为 false,表示图片应该向左移动。

变量 leftBound 和 rightBound 用于设置图片的水平移动区间,其中变量 leftBound 表示图片可以到达的最左端,变量 rightBound 表示图片可以到达的最右端。

此外,在 body 元素的开始标签中设置了窗口的 resize 事件处理函数 resizeHandler——当改变 Web 浏览器窗口大小时,首先清除前一个 Interval 定时器(这将暂停图片的移动),然后重新计算图片可以达到的最右端位置(即变量 rightBound 的值),最后通过调用 setInterval 方法重新调用 moveAdvertisement 函数,这样可以让图片继续移动。

在 moveAdvertisement 函数中,首先根据变量 x 的最新值调整图片在网页中的水平位置,然后使用条件运算符并根据 moveRight 的值计算图片的下一个水平位置,最后当图片移动到最左端或最右端时改变 moveRight 的值。这样,即可在 Web 浏览器窗口内产生"图片沿水平方向来回移动"的动画效果。

15.4.3　在 Web 浏览器窗口内漂浮的图片链接

在前例中,图片只是能够沿水平方向来回移动,如果在这同时,可以不断地调整图片在垂直方向的位置,并将图片的垂直位置控制在 Web 浏览器窗口的顶端和底端之间,即可产生"图片在 Web 浏览器窗口内漂浮"的动画效果。

【例 15-9】 在 Web 浏览器窗口内漂浮的图片链接。本例在前例基础上增加了一些代码,增加的代码用下划线标注,并且省略了与前例相同的大部分代码,XHTML 及

JavaScript 代码如下：

```
<!DOCTYPE … …
<html … …
  <head>
    … …
    <title>在 Web 浏览器窗口内漂浮的图片链接</title>
  </head>
  <body … …
    … …
    <script type = "text/javascript">
      … …
      var moveRight = true;
      //变量 moveDown 用于判断并控制图片的垂直移动方向
      //moveDown 为 true,表示图片应向下移动; moveDown 为 false,表示图片应向上移动
      var moveDown = true;

      //设置图片漂浮的初始矩形区域
      … …
      var rightBound = document.documentElement.clientWidth - divElement.offsetWidth;
      var topBound = 0;      //将 Web 浏览器窗口的顶端设置为图片可以到达的最顶端
      //浏览器窗口的高度(clientHeight)减去 div 元素对象占据的空间高度(offsetHeight)
      //就是图片可以到达的最底端位置
      var bottomBound = document.documentElement.clientHeight - divElement.offsetHeight;

      function resizeHandler(){
        … …
        rightBound = document.documentElement.clientWidth - divElement.offsetWidth;
        //调整图片可以到达的最底端位置
        bottomBound = document.documentElement.clientHeight - divElement.offsetHeight;
        … …
      }

      function moveAdvertisement(){
        … …
        if (x > rightBound) moveRight = false;   //判断是否改变图片的水平移动方向
        else if (x < leftBound) moveRight = true;

        //设置图片新的垂直位置,即垂直移动图片
        divElement.style.top = y + "px";
        //计算图片垂直移动的下一个位置,每次判断是向下移动还是向上移动
        y = y + step * (moveDown?1: -1);
        if (y > bottomBound) moveDown = false;   //判断是否改变图片的垂直移动方向
        else if (y < topBound) moveDown = true;
      }
      … …
    </script>
  </body>
</html>
```

相对于前例,在本例的 JavaScript 中又增加了全局变量 moveDown、topBound 和

bottomBound。

　　变量 moveDown 用于判断并控制图片的垂直移动方向。moveDown 为 true,表示图片应该向下移动;moveDown 为 false,表示图片应该向上移动。

　　变量 topBound 和 bottomBound 用于设置图片的垂直移动区间,其中变量 topBound 表示图片可以到达的最顶端,变量 bottomBound 表示图片可以到达的最底端。

　　全局变量 topBound、rightBound、bottomBound 和 leftBound 共同构成了图片可在其中漂浮的矩形区域。

　　当改变 Web 浏览器窗口大小时,会调用窗口的 resize 事件处理函数——resizeHandler 函数;在该函数中增加的 JavaScript 可以重新计算图片可达到的最底端位置(即变量 bottomBound 的值)。

　　在 moveAdvertisement 函数中增加的 JavaScript 能够实现以下功能:首先根据变量 y 的最新值调整图片在网页中的垂直位置,然后使用条件运算符并根据 moveDown 的值计算图片的下一个垂直位置,最后当图片移动到最顶端或最底端时改变 moveDown 的值。

　　这样,在 moveAdvertisement 函数中,既能同时调整图片在水平和垂直方向上的位置,又能将图片的移动范围控制一个可动态变化的矩形区间(即 Web 浏览器窗口)内。因此,最终可以产生"图片在 Web 浏览器窗口内漂浮"的动画效果。

15.5　自动切换的图片

　　在浏览网页时,经常可以看到在一个矩形框中嵌入了一组可以自动切换的图片。如图 15-6 所示,这种图片框主要由以下几个各具一定功能的要素组成。

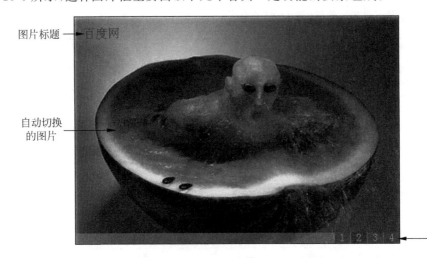

图 15-6　图片框的结构及要素

　　(1) 一组自动切换的图片。在图片框中包含一组可以自动切换、并循环播放的图片,每张图片位于图片框的中央并占满整个图片框。一般情况下,每隔几秒钟会从一张图片自动切换到另一张图片。当鼠标滑过某张图片时,图片切换会暂停,这时将静止显示这张图片。当鼠标离开这张图片时,图片的自动切换又将继续。

（2）数字按钮组。数字按钮组一般位于图片框内侧的右下方，其中的每个数字按钮对应一张图片；随着图片的自动切换，对应数字按钮的字体颜色或背景颜色会发生改变。当单击某个数字按钮时，在图片框中会立即切换到相应的图片，并且数字按钮的字体颜色或背景颜色也会相应改变。

（3）图片标题。图片标题位于图片框内侧的左上方。自动切换的每张图片都有一个对应的标题；随着图片的自动切换，标题文字发生改变。

以下将逐步构造图片框中的各个要素，并在每个要素中实现相应的功能。

15.5.1　嵌入自动切换的图片

首先，在图片框中嵌入一组可以自动切换、并循环播放的图片。当鼠标滑过某张图片时，图片切换会暂停，这时将静止显示这张图片。当鼠标离开这张图片时，图片的自动切换又将继续。

【例 15-10】　自动切换的图片。XHTML、CSS 及 JavaScript 代码如下：

```
<!DOCTYPE html PUBLIC " - //W3C//DTD XHTML 1.0 Strict//EN"
   "http://www.w3.org/TR/xhtml1/DTD/xhtml1 - strict.dtd">
< html xmlns = "http://www.w3.org/1999/xhtml">
  < head >
    < meta http - equiv = "Content - Type" content = "text/html; charset = gb2312"/>
    <title>自动切换的图片</title>
    < style type = "text/css">
      ♯pictureBox { position:relative; border:1px solid black; } / * 图片框 * /
      ♯pictureBox img {   border - width:0px; overflow:hidden; }  / * 图片 * /
    </style>
  </head>

  < body onload = "init()">
    < div id = "pictureBox">  <! -- 图片框,仅包括图片 -->
      < a id = "linkURL" href = ""><img id = "pic" src = "" alt = ""/></a> <! -- 图片及超链接 -->
    </div>

    < script type = "text/javascript">
      var pictureBoxWidth = 500;      //图片框宽度(参照图片宽度,并取其中最小值)
      var pictureBoxHeight = 341;      //图片框高度(参照图片高度,并取其中最小值)
      var imgSrc = new Array("pic01.jpg","pic02.jpg","pic03.jpg","pic04.jpg"); //图片
      var aHref = ["http://www.sina.com","http://www.baidu.com","http://www.sohu.com",
         "http://www.qq.com"];      //图片超链接
      var interval = 2000;         //每张图片延时时间(毫秒)
      var pictureIndex = 0;        //将要显示的图片的编号
      var imgElement = document.getElementById("pic");      //获取插入图片的 img 元素
      var aElement = document.getElementById("linkURL");    //获取图片上的超链接 a 元素

      function init(){                          //load 事件处理函数
        //设置图片框的宽度和高度
        var divElement = document.getElementById("pictureBox");
        divElement.style.width = pictureBoxWidth + "px";
        divElement.style.height = pictureBoxHeight + "px";
```

```
                //设置图片的宽度和高度
                imgElement.style.width = pictureBoxWidth + "px";
                imgElement.style.height = pictureBoxHeight + "px";
            }

            function autoChangePicture(pictureID){
                imgElement.src = imgSrc[pictureID];              //更换图片
                aElement.href = aHref[pictureID];                //更换图片超链接
                pictureIndex = (pictureID + 1) % 4;
            }

            autoChangePicture(pictureIndex);

            //每隔 interval 毫秒调用一次 autoChangePicture 函数
            var timerID = setInterval("autoChangePicture(pictureIndex)", interval);

            //鼠标滑过图片时,暂停图片切换
            imgElement.onmouseover = function() { clearInterval(timerID); }

            //鼠标离开图片时,继续图片自动切换
            imgElement.onmouseout = function() { timerID =
                setInterval("autoChangePicture(pictureIndex)", interval); }
        </script>
    </body>
</html>
```

首先在 XHTML 文档主体,id 属性值为 pictureBox 的 div 元素定义了一个图片框。在该 div 元素中可以使用 img 元素在图片框内嵌入图片,还可以使用 a 元素在图片上创建超链接。

在 XHTML 文档主体的 JavaScript 中则先是定义了一些全局变量,并对这些全局变量赋了初值。其中,变量 pictureBoxWidth 和 pictureBoxHeight 用于设置图片框的宽度和高度;Array 对象 imgScr 用于存储一组图片的文件名,Array 对象 aHref 用于存储这组图片中每张图片对应的超链接;变量 interval 用于设置每张图片的延时时间(以毫秒计);变量 pictureIndex 用于设置在图片框中将要显示的图片的编号,第 1 张图片的编号是 0,第 2 张图片的编号是 1,……,第 $n+1$ 张图片的编号是 n,……;变量 imgElement 属于 object 类型,指代 HTML 文档树中 id 属性值为 pic 的 img 元素对象;类似地,变量 aElement 也属于 object 类型,指代 HTML 文档树中 id 属性值为 linkURL 的 a 元素对象。在后面定义的 JavaScript 函数内部可以引用或重新赋值这些全局变量。

当 Web 浏览器加载该 XHTML 文档时,将在 body 元素上触发 load 事件,并调用相应的事件处理函数——init 函数。在 init 函数中,将根据全局变量 pictureBoxWidth 和 pictureBoxHeight 设置图片框以及 img 元素盒子(即图片)的宽度和高度。

在 XHTML 文档头部定义的内部样式表中,第二条 CSS 规则中的特性声明 overflow: hidden 能够对嵌入 img 元素盒子的图片进行截取——当图片的尺寸(宽度或高度)大于 img 元素盒子的尺寸(宽度或高度)时,图片的多余部分会被隐藏。

在 XHTML 文档主体的 JavaScript 中使用 setInterval 方法设置了 Interval 定时器,因此可每隔一段时间调用一次 autoChangePicture 函数,该函数的形式参数 pictureID 代表即将显示的图片的编号。在 autoChangePicture 函数中,首先通过由 imgElement 变量指代的 img 元素对象的 src 属性动态地更换 img 元素盒子内的图片,然后通过由 aElement 变量指代的 a 元素对象的 href 属性动态地改变图片上的超链接,最后通过代码 pictureIndex＝(pictureID＋1)％4 使 pictureIndex 指向将要显示的下一张图片。

由于通过 Interval 定时器第一次调用 autoChangePicture 函数之前需要一定的时间,所以在使用 setInterval 方法设置 Interval 定时器之前,专门调用了一次 autoChangePicture 函数。这样可以使第一张图片的显示和之后的图片自动切换连贯地执行。

此外,当鼠标滑过 img 元素盒子内的图片时,将在 img 元素上触发 mouseover 事件,进而调用 clearInterval 方法并清除 Interval 定时器,这样可以中断对 autoChangePicture 函数的循环调用,从而暂停图片切换。

当鼠标离开 img 元素盒子内的图片时,将在 img 元素上触发 mouseout 事件,进而重新调用 setInterval 方法并设置 Interval 定时器,这样可以再次开始循环调用 autoChangePicture 函数,从而继续使图片自动切换。

15.5.2　自动切换的图片及数字按钮组

在前例的图片框中仅是嵌入了一组自动切换、并循环播放的图片,为便于定位和查看,可在图片框内侧的右下方添加一组数字按钮,其中每个数字按钮对应一张图片;随着图片的切换,对应数字按钮的背景颜色也会发生改变。

【例 15-11】　自动切换的图片及数字按钮组。本例在前例基础上增加了一些代码,增加的代码用下划线标注,并且省略了与前例相同的大部分代码,XHTML、CSS 及 JavaScript 代码如下:

```
<!DOCTYPE …… …
<html …… …
  <head>
    …… …
    <title>自动切换的图片＋数字按钮组</title>
    <style type="text/css">
      #pictureBox { position:relative; border:1px solid black; }  /* 图片框 */
      #pictureBox img { border-width:0px; overflow:hidden; }  /* 图片 */
      #buttonGroup { position:absolute; left:0px; bottom:0px; height:16px;
          background-color:silver; filter:alpha(opacity=60); }  /* 数字按钮组 */
      #buttonGroup div { float:right; }
      #buttonGroup span { float:left; padding:0 8px; border-left:1px solid #ccc;
          background-color:gray; line-height:16px; font-size:16px;
          color:white; } /* 数字按钮 */
    </style>
  </head>

  <body onload="init()">
    <div id="pictureBox">  <!-- 图片框,包括图片和数字按钮组 -->
      <a id="linkURL" href=""><img id="pic" src="" alt=""/></a>  <!-- 图片及超链接 -->
```

```
< div id = "buttonGroup">          <! -- 数字按钮组  -->
  < div >
    < span id = "Button0"> 1 </span>   <! --  数字按钮 -->
    < span id = "Button1"> 2 </span>   <! --  数字按钮 -->
    < span id = "Button2"> 3 </span>   <! --  数字按钮 -->
    < span id = "Button3"> 4 </span>   <! --  数字按钮 -->
  </div >
 </div >
</div >

< script type = "text/javascript">
 … …
 function init(){   //load 事件处理函数
   … …
   imgElement. style. height = pictureBoxHeight + "px";

   //设置数字按钮组的宽度
   divElement = document. getElementById("buttonGroup");
   divElement. style. width = pictureBoxWidth + "px";
 }

 function autoChangePicture(pictureID){
   … …
   aElement. href = aHref[pictureID];      //更换图片超链接
   var previousPictureIndex = (pictureIndex == 0)?3:(pictureIndex - 1);
   document. getElementById("Button" + previousPictureIndex). style.
       backgroundColor = "gray";
   document. getElementById("Button" + pictureID). style. backgroundColor = "red";
   document. getElementById("Button" + pictureID). innerHTML =
       (pictureID + 1). toString();
   … …
 }

 … …
</script >
</body >
</html >
```

　　同前例一样，在 XHTML 文档主体，id 属性值为 pictureBox 的 div 元素定义了一个图片框。此外，在图片框中增加了 id 属性值为 buttonGroup 的 div 元素，以定义数字按钮组；在数字按钮组中，又使用一个 div 元素和四个 span 元素定义了四个数字按钮，每个 span 元素都使用了 id 属性。这样，在图片框中既包括图片，又包括数字按钮组。

　　在 XHTML 文档头部定义的内部样式表中，第三条 CSS 规则中的特性声明 position：absolute 能够对 id 属性值为 buttonGroup 的 div 元素盒子进行绝对定位，以便将数字按钮组置于图片框内侧的右下方。另一方面，id 属性值为 pictureBox 的 div 元素是 id 属性值为 buttonGroup 的 div 元素的父元素。因此，需要在第一条 CSS 规则中使用特性声明 position：relative 对 id 属性值为 pictureBox 的 div 元素盒子进行相对定位。否则，id 属性值为 buttonGroup 的 div 元素（子元素）无法以 id 属性值为 pictureBox 的 div 元素（父元素）为基准进行绝对定位。

第三条 CSS 规则中的特性声明 bottom:0px 能够让数字按钮组的底边与图片框的底边恰好对齐。

第三条 CSS 规则中的特性声明 filter:alpha(opacity=60)则可以产生滤镜(Filter)效果,使得"图片"对"数字按钮组"具有一定的穿透力——能够透过"数字按钮组"看到"图片"。其中参数 opacity 的数值越小,"图片"对"数字按钮组"的穿透力越强;相反,参数 opacity 的数值越大,"图片"对"数字按钮组"的穿透力越弱。

第四条 CSS 规则中的特性声明 float:right 能够让整个数字按钮组向右浮动。

第五条 CSS 规则中的特性声明 float:left 能够让每个数字按钮向左浮动、并排列在前一个数字按钮的右侧。

在 init 函数中,增加的 JavaScript 能够根据全局变量 pictureBoxWidth 的值设置数字按钮组的宽度,使其与图片框和图片的宽度恰好一致。

在 autoChangePicture 函数中,形式参数 pictureID 代表即将显示的图片的编号,局部变量 previousPictureIndex 代表刚刚显示过的前一张图片的编号。在该函数中增加的 JavaScript 能够将前一张图片对应的数字按钮的背景颜色还原为灰色,并将当前图片对应的数字按钮的背景颜色设置为红色。这样,随着图片的切换,对应数字按钮的背景颜色也会发生改变。

15.5.3　自动切换的图片、数字按钮组及数字按钮 click 事件

在下例中将增加新的功能——当单击某个数字按钮时,在图片框中会立即切换到相应的图片,并且对应数字按钮的背景颜色也会发生改变。

【例 15-12】　自动切换的图片、数字按钮组及数字按钮 click 事件。本例在前例基础上增加了一些代码,增加的代码用下划线标注,并且省略了与前例相同的大部分代码,XHTML、CSS 及 JavaScript 代码如下:

```
<!DOCTYPE … …
<html … …
  <head>
    … …
    <title>自动切换的图片 + 数字按钮组 + 数字按钮 click 事件</title>
    … …
  </head>

  <body onload = "init()">
    … …
    <div id = "buttonGroup">          <!-- 数字按钮组 -->
      <div>
        <span id = "Button0" onclick = "changePictureByClick(0)">1</span>
        <span id = "Button1" onclick = "changePictureByClick(1)">2</span>
        <span id = "Button2" onclick = "changePictureByClick(2)">3</span>
        <span id = "Button3" onclick = "changePictureByClick(3)">4</span>
      </div>
    </div>
    … …
    <script type = "text/javascript">
```

```
   … …
   function changePictureByClick(newPictureIndex){
     clearInterval(timerID);
     autoChangePicture(newPictureIndex);
     timerID = setInterval("autoChangePicture(pictureIndex)",interval);
   }
   … …
 </script>
 </body>
</html>
```

在 XHTML 文档主体,每个 span 元素定义并对应一个数字按钮。

增加的代码在每个 span 元素的开始标签中添加了 onclick 属性,并在其属性值中调用 changePictureByClick 函数。这样,当单击某个数字按钮时,将在相应的 span 元素上触发 click 事件,进而调用事件处理函数——changePictureByClick 函数,该函数调用中的实际参数(0、1、2 和 3)代表与该数字按钮相对应的图片的编号。

changePictureByClick 函数中的程序执行过程如下:

(1) 调用 clearInterval 方法清除 Interval 定时器,这样可以终止对 autoChangePicture 函数的循环调用,从而暂停图片切换。

(2) 使用参数 newPictureIndex 调用 autoChangePicture 函数。由于参数 newPictureIndex 代表与某个数字按钮相对应的图片的编号,所以调用 autoChangePicture 函数能够在图片框中立即切换到相应的图片,并且对应数字按钮的背景颜色也会随之发生改变。

(3) 调用 setInterval 方法并设置 Interval 定时器,这样可以再次循环调用 autoChangePicture 函数,从而继续使图片自动切换。

注意:本例中的数字按钮不同于表单中的按钮——本例中的数字按钮是由 span 元素定义的元素盒子,而表单中的按钮则是由 input 元素定义的控件。但两者都能够响应 click 事件,然后调用相应的事件处理函数。

15.6　表格隔行变色

在浏览网页时,经常可以看到很多带有密集数据的表格。为了便于浏览者识别和查阅其中的数据,可以在表格中隔行设置不同的背景颜色。如图 15-7,可以将奇数和偶数数据行的背景颜色分别设置为浅绿色和浅黄色,而将表头中列标题行的背景颜色设置为浅灰色。此外,当鼠标滑过某一数据行时,可以将该数据行的背景颜色变换为粉色以便观察该行数据。

图 15-7　表格隔行变色

【例 15-13】 表格隔行变色。XHTML、CSS 及 JavaScript 代码如下：

```
<!DOCTYPE html PUBLIC " - //W3C//DTD XHTML 1.0 Strict//EN"
  "http://www.w3.org/TR/xhtml1/DTD/xhtml1 - strict.dtd">
<html xmlns = "http://www.w3.org/1999/xhtml">
  <head>
    <meta http - equiv = "Content - Type" content = "text/html; charset = gb2312"/>
    <title>表格隔行变色</title>
    <style type = "text/css">
      table { border - collapse:collapse; margin:20px auto; }
      caption { color:purple; font - weight:bolder; }
      th, td { padding:2px 10px; border:1px solid; }
      tr:hover { background - color:pink; }
      .oddStyle { background - color:lightgreen; }     /* 奇数行背景颜色 */
      .evenStyle { background - color:lightyellow; }   /* 偶数行背景颜色 */
    </style>
    <script type = "text/javascript">
      window.onload = function(){
        var rowArray = document.getElementsByTagName('tr');
        for (var i = 0;i < rowArray.length;i++){
          if(i % 2 == 0) rowArray[i].className = 'evenStyle';
          else rowArray[i].className = 'oddStyle';
        }

        rowArray[0].style.background = "lightgray";   //表头列标题行背景颜色
      }
    </script>
  </head>
  <body>
    <table>
      <caption>ROSTER</caption>
      <thead>
        <tr>
          <th>Name</th><th>Class</th><th>Birthday</th><th>Mobile Phone</th>
        </tr>
      </thead>
      <tr>
        <td>girlwinger</td><td>V210</td><td>Sep 16, 1993</td><td>13651307994</td>
      </tr>
      <tr>
        <td>tastestory</td><td>W125</td><td>Nov 29, 1992</td><td>13326109525</td>
      </tr>
      <tr>
        <td>lovehatest</td><td>H172</td><td>Sep 15, 1992</td><td>13888260980</td>
      </tr>
      <tr>
        <td>sixtangraw</td><td>W196</td><td>Nov 18, 1991</td><td>13212065863</td>
      </tr>
      <tr>
        <td>smartlauty</td><td>S192</td><td>Dec 30, 1992</td><td>13022000662</td>
      </tr>
```

```
    </table>
  </body>
</html>
```

在 XHTML 文档主体,table、caption、thead、tr、th 和 td 等元素定义了表格的各个要素:caption 定义表格的标题,thead 定义表头,tr 定义表格行,th 定义表头单元格,td 定义数据单元格。

在 XHTML 文档头部定义的内部样式表中,前三条 CSS 规则定义了表格的一般样式。第 4 条 CSS 规则在 tr 元素上定义了 hover 伪类——这样,当鼠标滑过某一数据行时,该数据行的背景颜色将变换为粉色。第 5 条和第 6 条 CSS 规则分别定义了奇数和偶数数据行的背景颜色。

在 XHTML 文档头部的 JavaScript 中,在 window 对象的 onload 属性上直接定义了事件处理函数。这样,当 Web 浏览器加载 HTML 文档时,将执行事件处理函数中的 JavaScript——首先通过 document 对象调用 getElementsByTagName 方法获取 XHTML 文档中的 6 个 tr 元素对象(包括表头中的 tr 元素),并将这 6 个 tr 元素对象保存在 Array 对象 rowArray 中;然后在 for 循环中隔行设置数据行的背景颜色;最后设置表头中列标题行的背景颜色。

注意:

(1) 在 window 对象的 onload 属性上直接定义事件处理函数,等价于在 body 元素的 onload 属性值中调用预先定义的事件处理函数。即代码 window. onload＝function()｛…｝等价于代码 ＜body onload＝"预先定义的事件处理函数名"＞。

(2) 为了确保在 Web 浏览器完全加载 HTML 文档之后再执行 JavaScript,除自定义函数外,建议将 JavaScript 尽可能地组织在 onload 事件处理函数内。

15.7 小结

DHTML 是 HTML、CSS、JavaScript 和 DOM 的组合应用。通过 DHTML,JavaScript 能够动态地访问和更新 HTML 文档的内容、结构以及样式,可以控制如何在 Web 浏览器中显示和定位 HTML 元素。

HTML 元素及盒子在网页中的位置与其 position 特性密切相关。在默认情况下,HTML 元素的 position 特性值是 static。此时,HTML 元素及盒子按照正常流或浮动方式排列。此外,HTML 元素的 position 特性值还可以是 absolute 或 relative,即可在网页中对 HTML 元素及盒子进行绝对定位或相对定位。

绝对定位的 HTML 元素及盒子完全脱离正常流,并且对其他元素及盒子的定位没有任何影响。为了对 HTML 元素及盒子准确地进行绝对定位,需要对距离该 HTML 元素尽可能近的某个先辈元素进行相对定位。

CSS 具有一定的响应鼠标事件的行为能力。在样式表的 CSS 规则中使用 hover 和 active 伪类选择器,可以对鼠标操作产生类似 mouseout、mouseover 和 click 事件的动态效果。

对于绝对定位的 HTML 元素,可以在 CSS 规则中使用 clip 特性对该元素及盒子中的内容进行裁剪。

使用绝对定位技术和 JavaScript,不仅可以产生文字在网页上移动的动画效果,同样可以使图片在 Web 浏览器窗口内移动或漂浮,并且在图片上还可以创建超链接——当用鼠标单击图片时,可以使用 Web 浏览器打开所链接的网页。

15.8 习题

1. 在例 15-3 的内部样式表中增加一条 CSS 规则,使得当用鼠标单击子菜单项中的超链接文本时,超链接文本的颜色变为蓝色,同时背景颜色变为黄色。

2. 在例 15-6 基础上改写 JavaScript,使在 clipWindow 窗口中垂直移动的文字可以循环播放。

3. 参见图 15-6,在例 15-12 基础上于图片框内侧的左上方为每张图片增加相应的文字标题。

4. 在上一习题的基础上,将图片换为另外一组尺寸不同的图片,并为每张图片配上相应的文字标题。

5. 使用 DHTML 技术实现如下网络营销功能:打开网页后,在 Web 浏览器窗口的右下角逐渐弹出一个广告图片,用鼠标单击该图片可以打开所链接的商品促销网页。此外,30 秒后该图片会自动消失。

参 考 文 献

[1] Elisabeth Freeman，Eric Freeman. Head First HTML 与 CSS、XHTML. 北京：中国电力出版社，2008.

[2] Eric A Meyer. CSS 权威指南. 3 版. 北京：中国电力出版社，2007.

[3] World Wide Web Consortium. Cascading Style Sheets Level 2 Revision 1（CSS 2.1）Specification. http://www.w3.org/TR/CSS2.

[4] World Wide Web Consortium. HTML 4.01 Specification. http://www.w3.org/TR/html401.

[5] World Wide Web Consortium. XHTML 1.0：The Extensible HyperText Markup Language. http://www.w3.org/TR/xhtml11.

[6] 梁芳. 网页设计与制作. 2 版. 北京：清华大学出版社，2011.

[7] 刘兰娟. 电子商务网站开发. 2 版. 上海：上海财经大学出版社，2008.

[8] 刘瑞新,等. 网页设计与制作教程. 北京：机械工业出版社，2011.

[9] 唐思薪. 基于 Web 标准的网页设计与制作. 北京：清华大学出版社，2011.

[10] 易枚根,等. Dreamweaver 8 网页设计与网站建设. 2 版. 北京：机械工业出版社，2007.

[11] 袁润非. DIV＋CSS 网站布局案例精粹. 北京：清华大学出版社，2011.